KB259988

혼자

그곳에
나를 두고 오다

■ **(주)고려원북스**는 우리들의 가슴속에 영원히 남을 지혜가 넘치는 좋은 책을 만들겠습니다.

호주, 그곳에 나를 두고 오다

초판 1쇄 | 2013년 2월 15일

지은이 | 강태호
펴낸이 | 이용배
펴낸곳 | (주)고려원북스
편집주간 | 설웅도
마케팅 | 백민열

판매처 | (주)북스컴, Bookscom, Inc.

출판등록 | 2004년 5월 6일(제16-3336호)
주소 | 서울 광진구 중곡동 639-9번지 동명빌딩 7층
전화번호 | 02-466-1207
팩스번호 | 02-466-1301

ISBN 978-89-94543-55-0

Australia

호주

그곳에
나를 두고 오다

• 강태호 지음 •

(주)고려원북스

PROLOGUE

자신만의 계획을 가지고
호주워킹의 추억을 만들어 오세요

대한민국 정부와 워킹협약을 맺은 나라는 2012년 7월 체결된 오스트리아를 포함해 현재 15개국입니다. 하지만 이상하리만치 호주워킹홀리데이를 통해 호주로 떠나는 한 해 지원자 수는 줄어들지 않고 있습니다. 단순히 호주가 살기 좋은 나라이기 때문에 많은 사람이 호주로 떠나는 걸까요?

  냉정하게 평가했을 때 아닙니다. 유일하게 영어권인 나라 중 호주가 아무런 조건 없이 갈 수 있는 워킹비자이기 때문에 지원자 수가 줄어들지 않는 겁니다. 매년 3만여 명의 사람들이 호주의 문을 두드리고 있고, 지금도 수없이 많은 사람들이 잘못된 정보로 인해 많은 피해를 보고 있습니다.

실상 호주워킹 기간 1년 혹은 비자연장을 통해서 2년을 갔다 온 워홀러는 철저히 대한민국 사회의 냉정한 시선을 벗어나기 힘듭니다. 전문직이나 사업을 하는 사람이 아니라면 대부분은 호주워킹을 끝마치고 대기업의 문을 두드립니다. 그런 그들을 바라보는 대한민국 사회는 냉정합니다. 실제 우리나라 사람의 인생은 수능 날 결정된다고 말합니다.

등급으로 나뉜 수능점수에 따라 아무리 열심히 살더라도 도매금으로 취급받는 것이 대한민국 현실입니다. 요즘은 학벌, 영어점수 안 본다고 말은 하지만 지방대생이 대기업에 들어가는 것이 신문지상에 나오는 것은 그만큼 힘들다는 것을 반증합니다. 정육등급 매겨지듯 인생의 단 한 번의 시험으로 결정되는 경쟁사회가 대한민국 사회입니다. 대한민국 사회는 철저히 워홀을 갔다 온 학생들에 대해서 정밀분석하기 시작합니다. 그리고 그들이 궁금한 것은 워홀러들의 경험이 아닙니다. 워홀러들이 간 기간 동안 가지고 온 스펙(영어실력)입니다.

1년을 갔다 왔다면 통상적으로 1년 어학연수를 2년을 갔다 왔다면 2년 어학연수를 갔다 온 영어실력이 있어야 됩니다. 참고적으로 학생비자로 1년 어학연수로 갔다 온 사람의 영어실력은 외국대학 입학이 가능한 영어점수를 가지고 와야 되며 2년 어학연수는 전문 학위 하나 정도를 가지고 와야 됩니다. 하지만 실상 그런 영어점수를 가지고 오는 사람은 없습니다. 그러다보니 호주워킹의 소중한 추억이 놀다온 것으로 취급당합니다.

인생에 있어서 너무나 소중한 호주워킹의 추억이 도매금으로 취급받을 때의 그 기분은 말로 형용하기 힘듭니다. 결국 소중한 추억을 모욕당한 그들은 대한민국을 떠나기로 마음먹습니다. 글로벌 시대에 맞춰서 정부가 워킹협약을 15개국과 계약을 맺었지만 다른 나라를 도전할 엄두가 나지 않습니다. 군대 고문관도 상병 되면 군 생활에 자신감을 가지듯 한 번 경험한 호주로 다시 떠납니다. 그러나 호주생활은 실상 바뀌지 않습니다. 언어가 되지 않은 상태에서 호주는 군대의 고문관으로서의 삶을 계속 살 수 밖에 없는 것이죠.

저는 언젠가부터 잔소리꾼이 되어버렸습니다. 워홀을 가는 사람들에게 훈장질하듯 준비되어 있지 않으면 가지 말라고 말을 했죠. 저와 상담을 했던 어떤 이는 기분 나쁘다며 욕까지 했던 사람들도 있었습니다. 하지만 저는 말하고 싶습니다. 지금은 기분이 나빠서 저를 술안주로 술 먹고 풀면 되겠지만 잘못된 호주워킹 생활을 하고 온다면 아무리 술을 많이 먹고 잊고 싶어도 잊지 못하는 하루하루가 계속될 것이라고 말이죠.

저는 이번 책을 통해 호주워킹 문제만이 아닌 대한민국 사회와 외국사회에 대해 이야기하고자 합니다. 통상적으로 호주는 보통사람들이 사는 나라라고 말을 합니다. 한 사람 한 사람의 인권이 중요하며 영웅이 없는 나라입니다. 그와 반면에 대한민국 사회는 영웅이 존재하며 국가는 영웅 만들기 분위기를 조장합니다. 각계각층에 영웅들이 존재

호주, 그곳에 나를 두고 오다

합니다. 그러며 말합니다. 너희들이 노력하지 않은 거야! 조금만 노력하면 너희들이 도전하는 분야의 영웅처럼 살 수 있어!

하지만 저는 말하고 싶습니다. 영웅은 혼자서도 살 수 있지만 영웅이 될 수 없는 사람들은 국가가 보호해줘야 된다고 말이죠. 경쟁사회에 뒤쳐져 상처가 난 마음에 생체기가 나도록 회초리질 하는 국가가 되어서는 안 됩니다. 그런 점에서 호주사회는 개개인을 끌어안는 사회입니다. 어쩌면 저 역시 대한민국 사회에서는 환영받지 못한 사람이었습니다. 비록 책 집필을 통해 명예는 얻었지만 실상 성공이야기를 좋아하는 대한민국 사회에서 저의 실패담이 담긴 이야기는 한때 화제는 일으켰지만 호주워킹 실패자라는 주홍글씨를 쓰게 되었죠.

그래서 바꾸고 싶었습니다. 그렇게 6년 만에 워홀러들 중 최고령의 나이로 호주에 도착합니다. 그렇게 도착한 호주는 예전하고 변한 것이 없었습니다. 동화 속에 튀어나올 듯한 하늘과 자연과 인간이 하나 되는 호주사회. 하지만 그 좋았던 모습은 여지없이 호주 내 워홀러의 실상을 보고 깨져버렸습니다. 호주에 가면 한국인을 믿지 말라는 그 조언이 사라지기를 바랬지만 현실은 더 조직적으로 한국인이 한국인을 이용하는 모습이 눈이 띄었습니다.

이번 책을 통해 그런 부끄러운 한국인을 고발하고자 합니다. 어떤 이는 이번 글을 쓰는 것에 대해 우려의 목소리를 내는 분들도 계셨습니다. 굳이 한국의 부끄러움을 알려야 되는가? 혹은 판도라의 상자 같이 이곳의 사기 치는 방법(?)을 알려줌으로써 더더욱 사기 치는 사람들이 극성하지 않을까 하는 점이죠. 하지만 그런 행위를 하는 사람이 제 책으로 인해 많아지더라도 그들이 최소한 자신의 양심을 속이며 자신의 행위가 부끄럽다고 느끼게 만드는 것 자체만으로도 큰 효과라 여기며 글을 적었습니다.

이 책은 호주워킹을 안일하게 가면 다 될 것이라는 생각을 가진 사람들에게 쓴 약으로 작용할 것입니다. 열정을 가지고 호주워킹을 떠나는 것은 좋은 것입니다. 하지만 그 열정은 호주워킹을 가는 데 있어서 영어실력을 가진 상태에서 촉매제 역할을 할 뿐입니다. 영어실력이 없는 상태에서 열정만 가지고 간다면 맹수 가득한 사파리 공원에 덩그러니 떨어진 초식동물이 될 뿐입니다.

호주워킹은 군대의 의무가 아니며 본인 스스로 선택한 권리이자 그 기간에 따른 책임을 지는 것은 본인의 의무입니다. 하지만 그런 현실 인식 잡히지 않은 사람들이 많아 안타깝습니다.

이번 책이 호주워킹을 가는 사람들에게 본인만의 소중한 추억을 간직하고 올 수 있는 조언서로서의 역할을 다하기를 바랍니다.

마지막으로 이 책은 저의 시선과 함께 다른 친구들의 현실적인 워홀에 대한 시선을 담았습니다. 농장체험담부터 공장체험 등등 호주 현지에서 겪을 수 있는 현실적 사례에 대한 솔직한 그들의 이야기를 담아냈습니다. 간접체험을 통해 현재 호주워킹을 준비하는 모든 분들의

호주, 그곳에 나를 두고 오다

길잡이가 될 것입니다. 아무쪼록 이 책을 통해서 호주에서 인생에서 가장 소중한 추억을 남기고 오기를 바랍니다.

고마운 사람 THANK TO.

이 책이 출간되기까지 저를 믿고 지원을 아끼지 않은 호완정, 필완정, 호필정 클럽 여러분들과 유학어드바이스 조성일 원장님 그리고 필리핀 학교 관계자 SME, CPILS, 필인터, 라이프세부, MDL, CDU 호주학교 관계자 ALS, RUSSO, GLS, BROWNS, ILSC 분들 감사합니다. 정신적으로 힘을 주셨던 대진대 김성렬 교수님을 비롯한 교수님들 감사드립니다. 원광 장애인복지관 식구들, 미스테리 모임, 중랑문인협회, 그리고 사랑하는 가족들 감사합니다. 그리고 원고를 제공해주신 류수향, 변종민, 이강수, 이인호, 이상윤, 윤운덕, 이효봉, 윤부옥님 감사합니다.

그리고 필리핀 내 살아있는 정보를 제공해준 Victer, SC, Elaiza, Alvin, John gaso, Elsie, Cindy 말레이시아 내 살아있는 정보를 제공해준 후배 최연희, 윤관섭, TINA, JACK, IVY 호주 내 살아있는 정보를 제공해준 JIMMY, Michelle Woods, Joseph, Trevor, Roslyn, Rachel, Dieudonne, Berry, Julliang, Malcome, Robin, John, Bas, Greg-maur Hughes, Kane, Pratik, Nors 감사합니다.

마지막으로 부족한 원고를 책으로 만들기 위해 고생하신 고려원북스 가족 여러분에게도 감사의 말씀 올립니다.

호주, 그곳에 나를 두고 오다

CONTENTS

PART

1

다시 떠나게 된 계기

영웅을 강요하는 사회, 나는 영웅이 아니다!

대학을 졸업하고 사회에 나왔을 때, 학교 간판보다는 전공에 매진하면 괜찮을 거라는 건 헛된 희망이었다는 걸 깨달았다. 당장 사회는 CT촬영하듯 나를 분석했고, 사회가 편애하지 않는 대학을 나온 나는 왠지 부끄러움에 몸을 움츠렸다. 지방대학 나와도 할 수 있다는 악다구니는 얼마 안 가 힘을 잃었다. 신문지상에 나왔던 지방대 출신이 대기업에 들어갔다는 기사는 역으로 지방대생이 대기업에 들어가기 어려운 현실을 반증하는 것이다. 그렇다, 세상은 소수의 영웅이 이룬 일들을 강요하고 있었다. 그러나 나는 사회가 원하는 영웅은 될 수 없었다. 나는 영웅이 아닌 보통사람이다. 아니, 사회의 잣대로는 루저일지도……

2005년 10월 호주 워킹 홀리데이를 떠나게 된다. 대한민국 사회에 대한 반감이 떠나게 된 계기였다. 일종의 도피였다. 준비가 안 된 워홀러였던 나에게 호주워킹생활은 냉정했다. 같은 민족이라 생각했던 한국인은 나를 돈벌이에 이용했고, 모든 이가 지상천국이라 칭송했던 호주가 내 눈에는 보이지 않았다.

영웅을 꿈꾸며 호주워킹을 갔던 나는 1년을 채우지 못한 채 대한민국으로 도망치듯 돌아왔다. 다시 사회의 잣대 앞에 서게 된 내게, 대한민국 사회는 취조하듯 호주워킹 생활의 성과물을 보여 달라 독촉했다. 하지만 나는 사회에 인증할 수 있는 것을 가지고 오지 못했다. 풍부하다 자부하는 내 경험을 사회는 노닥거림이라 폄하했다.

위홀을 떠나기 전에 가진 반감은 줄어들지 않았다. 대한민국 사회는 굳건했다. 모든 사람이 영웅이 될 수는 없다. 하지만 대한민국 사회는 영웅이 되지 못하면 낙오자라 본다. 사회의 잣대 앞에서 나는 여전히 낙오자 신세를 면치 못했다.

한 번의 실패,
내 가슴에 새겨진 주홍글씨

대다수 지인들은 책 출간 이후 서점의 강연뿐 아니라 대학 특강까지 다니는 나를 부러워했다. 하지만 어떻게 하면 호주워킹에 성공할 수 있는지가 아닌, 실패 경험담을 내세우며 훈장질을 하는 내 모습이 싫었고, 호주워킹에 실패했다는 점이 트라우마가 되어 나를 괴롭혔다.

더군다나 자식의 실패담이 책으로 나왔는데 오히려 호평을 받았다는 사실이 부모님 입장에서는 달가운 일만은 아닐 것이다. 부모님에게는, 남들에게 이용 당하고 개고생만 하고 돌아온 자식이 아픔으로 남아있을 테니 말이다.

'의지 약한 사람의 실패 이야기에 귀기울이지 마라', '성공 못한

사람의 투정일 뿐이다' 라는 비아냥거림은 참을 수 있다. 하지만 부모님에겐 당당하고 싶었다. 부모님 가슴 속에 박힌 '실패한 자식' 이라는 주홍글씨를 지우고 싶었다.

우리 집에는 2006년부터 기른 돼지가 있다. 이 돼지는 2년에 한 번씩 배를 갈랐는데, 애석하게도 기분 좋은 일에 쓰인 적이 없다.

첫 번째로 돼지를 잡았을 때는 형이 갑작스럽게 갑상선암이라는 수술을 받았을 때다. 아무도 예상하지 못한 사건이었다. 간단한 수술인 줄 알았는데 암이라는 진단이 내려졌을 때 우리 가족은 충격에 빠졌다. 다행히 형의 수술은 성공적으로 끝났고 돼지의 배는 봉합되었다.

그렇게 2년이 지나고, 돼지는 다시 배를 갈랐다. 어머니의 암, 형과 똑같은 갑상선암이었다. 어머니는 소리 없이 우셨다. 아파서

호주, 그곳에 나를 두고 오다

울었냐고? 아니다. 자식이 당신의 가족력 때문에 갑상선암에 걸린 게 아닐까 하는 마음에 우신 것이다. 형과 어머니는 목에 똑같은 상처를 갖고 있다. 그렇게 돼지는 우리 가족의 대소사가 있을 때마다 배를 갈랐다.

33살 노총각. 뜻이 있어 호주에 다시 간다고 했지만, 부모님은 연일 좌불안석이었다. 한국을 떠나기 1주일 전, 부모님은 자식에게 용돈이라도 주겠다며 돼지의 배를 갈랐다. 그 안에 가득 들어있던 꼬깃꼬깃 접힌 천 원짜리와 잔돈에는, 세탁소 일을 하시는 부모님의 사랑이 배어 있었다. 부모님은 애써 자식의 외도를 응원했다. 나는 그런 부모님을 가슴에 담고 호주워킹을 준비했다.

AUSTRALIA WORKING HOLIDAY

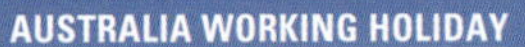

나는 그때 왜 실패했는가?

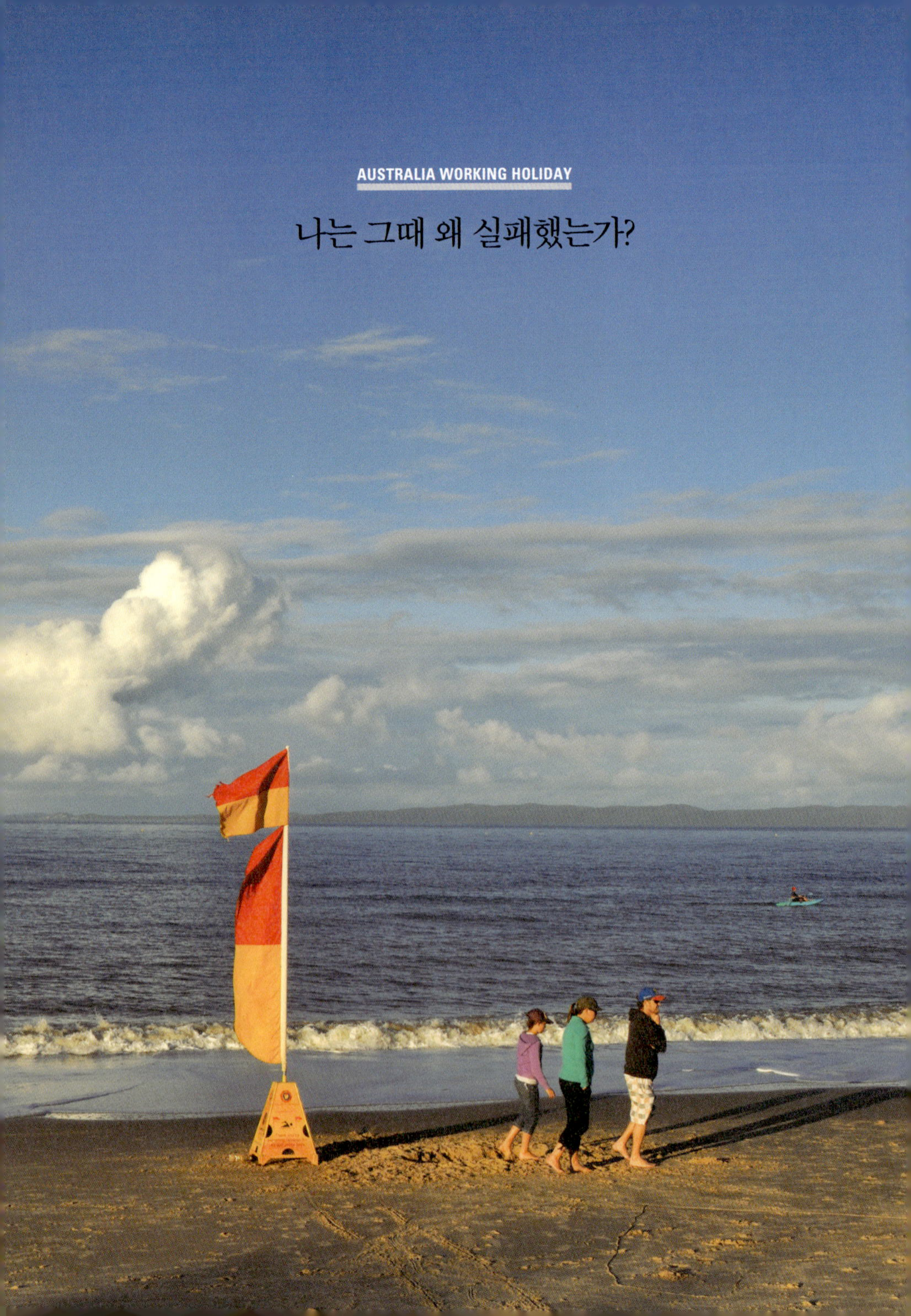

———— 한 번의 실패를 타산지석 삼아 두 번째 도전을 준비하기로 했다. 실패는 성공의 어머니라는 말도 있지 않은가? 실패의 원인을 찾아보았다.

가장 큰 원인은 역시 언어였다. 영어구사능력이 직업을 구하는 데 중요하게 작용한다는 것은 상식이다. 그 나라의 언어를 못하는 데 좋은 일을 구한다는 것은 어불성설이다. 하지만 열정만 있으면 다 될 것이라 생각했던 당시의 나는 그 상식을 망각했다. 그저 호주만 가면 좋은 일자리를 선택할 수 있을 것만 같았다. 모든 조언에 귀를 막은 채 호주로 떠날 생각만 했던 것이다.

또 다른 원인은 호주의 실상을 알지 못했다는 것이다. 지금도 호주 공항에는 워홀러들, 당시의 나처럼 무방비한 망상가들을 기다리는 사람들이 진을 치고 있을 것이다. 그들은 먹이 근처를 배회하는 하이에나 무리처럼 공항을 배회하며 호시탐탐 기회를 엿본다. 아무것도 모르고 부푼 희망만 가득한 채 호주 워킹의 첫날을 맞은 워홀러들에게서 노동력을 착취할 기회, 감언이설로 사기 칠 기회를 엿보는 것이다.

그 당시 나는 사기를 당했는지도 몰랐다. 그저 잘 모르는 나를 도와주는 좋은 사람들이라고만 여겼다. 하지만 뒤늦게 실상을 안 순간, 내가 얼마나 무지했는지 깨달았다. '같은 한국인이니까' 마음을 열었는데, 한국인이 한국인을 상대로 사기를 치는 현실을 깨닫고 더 큰

실의에 빠졌다.

나는 귀국해 호주에 관해 더 많이 공부했고 나름의 답을 찾았다. 그 후에는 당시의 나처럼 당하는 사람이 없도록 호주워홀의 실상을 알리고 싶었다. 기본적인 영어구사능력이 있는 상태에서 호주워킹을 가는 것이 정답이라는 생각이 들었다. 나는 영어 공부를 더 하기 위해 필리핀 어학연수를 가기로 결심한다. 내 실력이 얼마나 부족한지 깨달았던 것이다. 영어공부도 하지 않고 무작정 떠났던 2005년의 자신감은 어디에서 나왔을까? 아무런 노력 없이 좋은 결과가 있기를 바랐던 것이다. 농구 시작하면 마이클 조던이 될 수 있고, 축구 시작하면 리오넬 메시가 될 것 같다는 착각과 뭐가 다른가? 당시의 나는 현실을 보지 않았다. 오로지 가면 될 것이라는 오만한 생각이 실패를 부른 것이다.

2011년 2월 5일 필리핀 세부 도착. 만 31세, 호주 워홀러 중 최고령의 나이로 호주워킹 두 번째 도전을 위한 첫걸음을 시작했다.

영어, 왜 중요한가?

현지 생산물을 가장 저렴하게 구매할 수 있는 방법은 직거래다. 도매상이 아무리 저렴하게 판매한다고 해도, 현지 생산물을 직접 생산하는 사람과 거래하는 것보다 저렴할 수는 없다. 첫 호주워킹 당시의 내가 도매 최저가를 알아보는 소비자였다면, 현재의 나는 현지 생산물을 가장 저렴하게 구매하는 법을 아는 소비자다. 또한 영어실력이 있으면 돈을 절약할 수 있다. 에누리의 성공 여부는 '말발'이지 않은가.

첫 번째 절약 사례는 호주워킹비자를 신청할 때였다. 물론 책자와 커뮤니티 사이트의 친절한 설명을 따라하면 워킹비자 받는 것이 그다지 어려운 일은 아니다. 하지만 대다수가 '혼자 하다 실수하면 워킹비자 못 받는 것 아니야?' 라는 불안한 마음이 엄습하여 대행업체를 찾아간다. 스스로 처리하면 지출하지 않아도 됐을 수수료를 지불하게 된다. 영어를 해석해 본인이 직접 호주워킹비자를 신청해보며 그 의미를 되새길 수도 있지만 대행업체에 일임한 대다수는 승인이 될 때까지 좌불안석이다.

그 다음으로 돈을 절약할 수 있는 것이 항공권이다. 최저가 항공권을 취급하는 여행사를 찾는 것보다 본인이 최저가항공사 사이트에서 직접 예매하는 것이 더 저렴하다. 하지만 영어실력이 부족한 사람은 난관에 부딪힐 수 있다. 그도 그럴 것이 최저가 항공사의 대부분은 한글을 지원하지 않기 때문이다. 그래도 항공권 구입에서 가장 많은 돈을 절약할 수 있는 부분인 만큼 도전정신을 가지고 클릭품(?)을 팔아보는 것이 어떨까. 참고로 이번에는 말레이시아를 경유하는 항공권으로 구입했는데, 지난 호주워킹 당시의 반값도 들지 않았다. 심지어 필리핀 편도 요금을 합한 금액이었는데도 말이다.

이외에도 숙소 정하기, 공항에서 시내로의 이동 등 모든 것이 도매상 없이 본인 스스로 하면 저렴해진다. 하지만 영어실력의 부족은 그 도전을 망설이게 한다. '최저가로 호주워킹을 갔다' 는 것이 바로 '영어실력이 있다' 는 증거가 되기 때문이다. 영어실력이 받쳐주면 모든 것을 절약할 수 있다는 지인들의 말을 잔소리로만 들었던 과거의 내가 얼마나 한심했는지 다시 한 번 느끼게 된다.

호주, 그곳에 나를 두고 오다

저가 항공사 사이트

- **에어아시아** 세계 최대 최저가 항공사로서 프로모션을 잘만 이용하면 50만원에도 왕복항공권 구입이 가능한 항공사다.
  | 홈페이지 | http://www.airasia.com/kr/ko/home.page

- **동방항공** 중국 3대 민영 항공사 중 하나로 에어아시아와 함께 호주로 가는 최저가 항공으로 거론되는 곳이다.
  | 홈페이지 | http://www.easternair. co.kr/

- **타이거항공** 싱가포르 저가 항공사로 필리핀을 거쳐 갈 수 있는 저가 연계 항공권을 구입할 수 있다. 호주 내 국내선 역시 타이거항공을 이용하면 저렴하게 구매할 수 있다.
  | 홈페이지 | http://www.tigerairways.com/au/

- **세부퍼시픽** 필리핀을 거쳐 가는 학생들이 꼭 알아둬야 할 필리핀 최저 항공권 사이트. 가끔 프로모션을 통해 10만 원도 안 되는 금액으로 왕복티켓을 구할 수 있다.
  | 홈페이지 | http://www.cebupacificair.co.kr/

- **젯스타 항공** 호주 최저가 항공사로 국내선 항공권을 가장 저렴하게 살 수 있는 항공사다.

  `홈페이지` http://www.jetstar.com/sg/en/home

- **버진블루** 젯스타와 함께 호주 국내선을 가장 저렴하게 구매할 수 있는 항공사다.

  `홈페이지` http://www.virginblue.com.au/

- **웹젯** 호주 국내선 항공권의 최저가를 비교할 수 있는 사이트.

  `홈페이지` http://www.webjet.com.au/

TIP 최저가 항공사의 프로모션 기간에 맞춰 항공권을 구매하게 되면 상상 이하의 가격으로 항공권 구입이 가능하다.

PART
2

필리핀 어학연수

너 지금 행복해?

필리핀 유학생들 중 몇몇은 일탈에 빠진다. 그도 그럴 것이 필리핀에 오게 되면 우리가 살아왔던 세상과 다른 세상을 접하게 된다. 분명 나보다 가난한 사람들인데 그들은 항상 웃으면서 살아간다. 행복할 일이 하나 없는 것 같은데 그들은 웃는다. 가식적인 웃음이 아니다. 그냥 하루하루가 즐거운 웃음이다. 그 웃음을 보니, 경주마 같이 달려왔던 한국에서의 내 삶에 회의가 들었다.

필리핀 친구들은 내게 묻는다. 왜 화가 나 있냐고. 나는 화난 것이 아니라고 대답했다. 하지만 그들은 계속해서 화난 이유를 묻는다. 화가 난 얼굴 같다고 놀리는 듯 하는 이야기에 나는 버럭 화를 낸다. 그러면 그들은 그것 보라며 화나지 않았냐고 한다. 나는 어쩌면 화가 난 상태였는지도 모른다. 그들보다 가진 게 더 많은데 나는 왜 불행한가에 대해서 화가 나 있었다.

필리핀에 둥지를 튼 한국 사람들이 많다. 실제 필리핀 어학연수에서 만났던 유학생들 중 10분의 1 정도가 필리핀에 터를 잡고 살고 있다. 그들의 선택에 대해 왜 후진국에서 사느냐며 업신여기듯 말하는 이도 있다. 그럼 그들은 되묻는다.

'당신은 누군가에게 보이기 위해 사는가?'

나도 모르게 얼굴이 붉어진다. 필리핀을 잘 안다고 자신했던 내게도 그런 마음이 있었을지 모른다. 부끄럽다.

초심을 잃지 마세요

변종민

저는 호주워킹을 가기 전 필리핀 어학연수를 시작했습니다. 하지만 저는 다른 사람들과 다르게 친구 집에서 하숙을 하면서 개인 튜터를 했습니다. 친구는 필리핀에서 학교를 다니고 있었고, 친구의 할머니와 동생과 같이 한 집에서 지내며 100일 정도 머물렀습니다.

제가 살았던 지역은 클락이었습니다. 마닐라에서 2시간 떨어진 곳이죠. 도착 후 1주일 뒤 바로 튜터를 구해 수업을 진행했습니다. 하루에 3시간씩 1:1수업을 했는데, 처음에는 버벅거리며 생각만큼 입이 떨어지지 않았습니다. 그러다 한 달 정도 지나니 옹알이하던 수준에서 벗어나 조금씩 의사전달할 수 있는 내 자신을 발견하게 되었습니다.

또한 친구들의 소개로 만난 외국인들과 +α의 영어회화 학습을 할 수 있었습니다. 물론 중간중간 한인 친구들과 함께 시간을 보낸 것은 사실입니다. 외국에 있으면서 한국인을 만나지 말라고 하지만 결국 한국인을 찾게 되는 것은 어쩔 수 없었습니다. 사실 제 생각은 한인을 만나는 것이 무조건 잘못되었다고 봐서는 안 된다는 겁니다. 스스로 어떤 계획을 세우고 그것에 맞춰 집중의 힘을 보이느냐가 중요하다고 생각합니다.

보통 저는 7시 반에 일어나서 8시 30분까지 리딩 연습을 하고, 10시에 튜터와 1:1 수업, 점심시간 후 헬스클럽, 그 다음 과제 및 자습을 저녁 9시까지 했습니다. 모르는 부분은 체크해 놓은 뒤 다음날 선생님한테 물어보는 식으로 수업을 진행했습니다. 제 철칙은 '그 날 해야 될 공부를 다 끝내고 자유시간을 가지자'는 엄격한 잣대로 저의 나태함을 감시했습니다.

　그렇게 필리핀어학연수를 마친 뒤 저는 호주 시드니로 갔습니다. 그리고 그곳에서 많은 한국인들을 만났습니다. 그 중에는 필리핀 어학연수를 하고 오신 분들이 많았습니다. 그런데 그들의 영어실력에 대한 저의 냉정한 평가는 "필리핀에 공부하러 가서 놀고 왔구나."였습니다.

　마찬가지로 호주에서 어학연수를 하는 사람들도 열심히 공부하지 않으면 절대로 세월이 지난다고 해서 자연스럽게 영어실력이 늘어나는 것은 아닙니다. 제가 살던 곳 옆에 어학원이 있었는데, 그 학원생 중 한 명이 동네 슈퍼마켓에서 일본인에게 영어로 설명을 하고 있었습니다. 그를 우연치 않게 2달 후 다시 마주쳤습니다. 그러나 그의 영어실력은 2달 전과 비교해 거의 나아진 게 없다고 해도 과언이 아닐 정도로 형편없었습니다.

　실제로 시드니에 와보니 영어 학원을 다니면 무조건 영어실력이 향상된다고 생각하는 사람들이 많이 있었습니다. 제 개인적인 생각으로는 절대로 아닙니다. 본인 스스로를 채찍질하지 않는 이상 영어실력은 '그냥 저절로' 향상되지 않습니다. 저는 호주에 와서도 튜터와 함께 하루 3시간씩 공부했습니다. 또한 외국인 친구를 사귀었고 예습, 복습하며 영어실력을 향상시켰습니다. 물론 필리핀 연수기간과 마찬가지로 유혹은 많았습니다. 외지에 나가 느끼는 외로움과의 싸움, 외지에서 만난 한국인 친구들과의 술자리…… 하지만 제 스스로와 싸움을 하며 적절한 선에서 여가를 즐기는 식으로 제 자신을 관리했습니다.

　호주워킹에서의 영어정복은 얼마나 많은 기간 동안 영어 학교를 다녔느냐가 아닌, 얼마나 초심을 지켰느냐에 답이 있습니다.

영어를 못하면 소극적이 된다?

필리핀 어학연수를 하게 되면 많은 수의 배치메이트 (batch mate)를 만나게 된다. 배치메이트란 같은 시기에 연수를 온 학생들로, 학교에 따라 적게는 10명 내외에서 많게는 15명에서 20명에 달한다. 대부분의 배치메이트는 20대 초반이지만 40대도 더러 있다. 나이를 떠나 영어가 안 되면 불이익을 받는 현실 때문에 모두가 그들만의 절실한 이유로 '영어를 배우러' 필리핀을 찾는 것이다.

필리핀 어학연수의 장점은 1:1수업과 영어집중교육이다. 필리핀 어학교의 대부분은 스파르타식 교육을 지향하고 있어 평일은 자의 반 타의 반 새벽부터 늦저녁까지 영어공부에 매진하게 된다. 반면 유학생들의 주말은 여행준비로 바쁘다. 평일 공부에 지친 유학생들에

OT 후 배치들과 저녁식사

반타얀 섬에서 배치들과 한 컷

게 주말이란, 거짓말 조금 보태서 군대 100일 휴가 받은 느낌이랄까.

더군다나 내가 갔던 어학교는 필리핀 세부(Cebu) 지역에 위치했는데, 시내에서 3~4시간 정도를 벗어나면 세계적인 명성의 해변을 만날 수 있었다. 그곳 리조트에서 1박 2일 여행을 즐길 수 있다는 것이 세부 지역 유학생들에게는 큰 메리트였다. 또한 한국과 비교해 반의반도 안 되는 비용으로 여행이 가능하다. 여행을 많이 가는 것이 돈을 버는 것이라는 말이 나올 정도이다.

주말여행은 배치메이트끼리 가게 되기 십상이고, 이때 보통 영어 잘하는 사람이 리더가 된다. 3년 전 처음 필리핀에 왔을 때는, 호주워킹을 갔다 왔음에도 리더가 될 수 없었다. 나이 순으로 했다면 리더감이었지만 외국에서는 영어실력이 우선이었다. 영어 잘하는 친구에게 내 영어실력을 보이기 싫어서 입 밖으로 영어를 내뱉지 않았다. 한국인은 아무리 영어를 잘해도 본인보다 영어 잘하는 사람이 있으면, 그 사람의 시선을 생각해 말을 잘 못한다. 그러다 보니 영어 잘하는 사람이 나서서 리더가 되고, 무리를 이끌다보니 영어실력은 더 향상되는 것이다.

나는 이번 필리핀 어학연수 기간 내내 주말여행을 진두지휘하며, 적극적으로 리더 역할을 했다. 물론 귀찮은 적도 있다. 하지만 여행이 거듭될수록 실전영어를 자연스레 익히게 되었고, 조금씩 자신감도 붙었다. 영어실력 때문에 수동적일 수밖에 없었던 내가, 본래의

호주, 그곳에 나를 두고 오다

활동적인 성격으로 바뀌고 있었다.

　영어실력이 가장 중요하다는 말, 그 말의 의미를 몸소 체험했던 필리핀 생활이었다.

生정보 • 필리핀 학교 선정 시 중요하게 고려해야 될 사항

❶ 무턱대고 한 학교만 좋다 이야기하는 유학원은 피하라. 대부분 유학원과 모종의 계약(많은 커미션)을 맺고 있는 곳이다.

❷ 본인의 성향에 맞는 지역을 먼저 정하고 학교를 선택하라. 보통의 유학원들은 상대적으로 유학업무 처리가 용이한 세부와 마닐라 바기오 만을 추천한다. 그러다 보니 필리핀의 다른 지역은 배제한 채 상담이 진행되는 경우가 많다. 최소한 자신이 가는 지역은 선정한 뒤 조언을 구하라.

❸ 신생 학교는 시설은 좋지만 운영 노하우가 없어 상대적으로 전통 있는 학교에 비해 커리큘럼이 떨어진다.

❹ 학생 체험담이 많이 없는 학교. 유학원의 장학금 혜택이 다른 학교에 비해 많은 학교는 한번쯤 의심해라(참고로 필리핀 학교는 1년에 몇 군데씩 파산하는 경우가 많다).

❺ 오래 근무한 선생님이 많은 학교를 선택하라. 대부분 교사에 대한 대우가 좋다는 것이며 유능한 선생님들이 많이 모여 있다는 이야기다.

뎅기열

필리핀에 온 지 보름째. 몸에 오한이 들고, 냉방병이 걸린 듯 열이 오르기 시작했다. 식욕도 떨어져 맛있게 먹던 기숙사 밥도 한 스푼 입에 넣기 힘들었다. 살다 살다 처음 겪어 보는 느낌이었다. '이러다 말겠지' 라는 생각이 병을 키웠다. 결국 나는 세부에서 가장 유명한 총화병원에 입원하게 되었다. 그것도 응급실에 말이다.

병명은 뎅기열이었다. 뎅기열은 동남아시아 지역에 토착화된 병으로 후진국 병이라고도 한다. 위생시설이 잘 갖춰지지 않은 지역에서 뎅기열 바이러스를 가진 모기에게 물려서 생기는 병이기 때문이다. 그렇게 말로만 듣던 뎅기열에 걸린 것이다. 필리핀 친구들은 입원해 있는 동안 병원에 상주하며 나를 간호해 주었다. 이렇게 죽나 보다

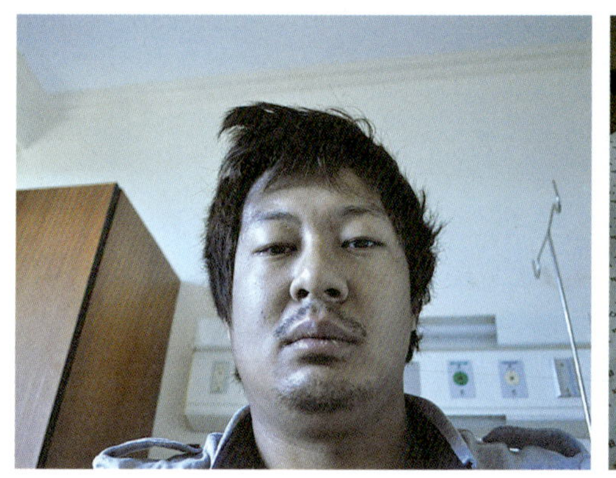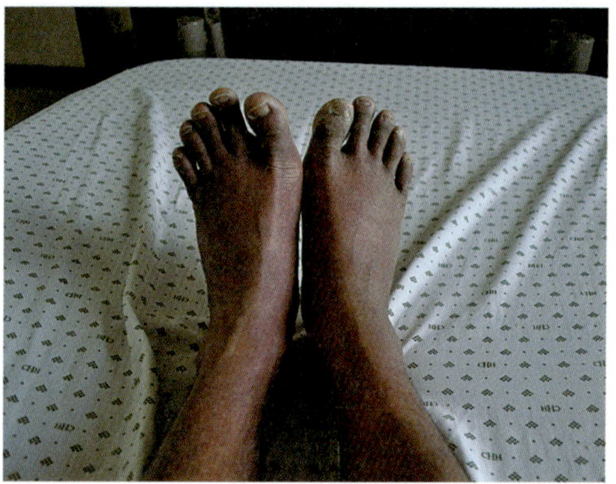

싶을 정도로 고통스러웠다. 나는 일주일이 되어서야 퇴원이 가능할 정도로 회복되었다.

일주일 정산으로 나온 병원비를 본 나는 순간 내 눈을 의심했다. 약 35000페소, 우리나라 돈으로 100만 원에 해당하는 금액이었다. 다행히 여행자보험으로 처리했지만, 필리핀에서 흔하디 흔한 뎅기열 치료비가 그 정도로 비싸다는 사실에 많이 놀랐다. 혹시나 외국인이라서 비싸게 받는가 싶어 필리핀 친구에게 물었더니 대동소이하다고 했다. 결국, 필리핀에서 뎅기열로 죽었다는 말은 치료법이 없어서가 아닌 치료를 받지 못해서 죽었다는 뜻인 거다.

친구들의 부축을 받으며 퇴원하는 내 머릿속은 여러가지 생각으로 복잡했다. 그때 병원 앞에서 걸레로도 안 쓸 것 같은 누더기 옷을 걸친 어린아이가 내게 다가왔다. 병원에서 나왔다는 이유로 나를 부유한 한국인이라 생각했나 보다. 나는 주머니에서 5페소(1페소=한화 약 30원) 동전을 꺼내 아이에게 건넸다. 그러자 그 근처 대여섯 살 정도 되는 아이들이 한꺼번에 몰려들었다. 필리핀 친구들은 필리핀어로 안 된다 저지하며 나를 택시에 태웠다.

멀어지는 차창 밖으로 언제 뎅기열에 걸릴지 모르는, 걸리게 되면 가족들의 걱정 속에서 자연치유를 바라기만 할 뿐, 결국엔 죽을 지도 모르는 어린 아이들이 보였다. 모두 비슷해 보이는 허름한 누더기를 입어서 처음의 아이를 찾아보라면 구분하지 못할 거 같다. 그저 부러운 눈초리를 받는 아이가 그 아이라고 짐작할 뿐…….

TIP 여행자보험 및 워킹보험을 들어놓으면 현지 병원에서 치료비의 일정액을 보상받을 수 있다. 영수증을 버리지 않고 다 챙겨놓는 것이 좋다.

生정보 · 호주워킹보험 최저가로 신청하기

호주워킹보험을 최저가로 신청할 수 있는 방법은 유학원에 의뢰하는 것이 가장 저렴하다. 워킹보험사는 모객행위를 하는 유학원에게 일정액의 커미션을 지급하며 유학원은 서비스 차원에서 할인을 해주고 있다.

호주, 그곳에 나를 두고 오다

30원의 가치, 그리고 3만원의 가치

퇴원하고 나서도 한동안 5페소를 받고 세상을 다 얻은 것 같이 행동하던 그 아이의 눈망울이 뇌리에서 떠나지 않았다. 불현듯 2년 전의 약속이 떠올랐다.

사팍SAPAK농장은 필리핀의 한 신부님이 집 없고 부모 없는 아이들을 돌보며 운영하는 곳으로, 2년 전 나는 그곳에 머물며 한국 음식을 그들에게 대접하며 한국을 알리고자 했다. 그곳에 살고 있는 아이들은 영어는커녕 모국어인 필리핀어도 읽고 쓸 줄 몰랐다. 공부보다는 생존이 우선인 삶을 살아왔기 때문이다. 그곳을 떠나기 전 그들에게 "다시 필리핀에 온다면 너희들에게 한국 음식을 다시 한번 해 주겠다."고 약속했다.

2년 전 약속을 지키러 배치메이트 친구들과 함께 사팍으로 향했다. 내가 얼마 전까지 약속을 잊고 있었던 것처럼 그들도 나를 잊었을 것이라 생각했다. 그런데 나와 친구들은 눈물겨운 환대를 받았다. 신부님은 내가 돌아온 것을 기뻐하며 사팍의 아이들을 불러모았다. 아이들은 환한 미소로 2년 만에야 약속을 기억해 내고 찾아온 나를 반갑게 맞아 주었다. 그들은 내 손등에 자신의 이마를 대며 존경을 표했다. 심지어 몇몇 사팍의 아이들은 내 이름을 기억하고 있었다. 영어 이름 데이빗이 아닌 한국 이름 강태호로 말이다.

호주, 그곳에 나를 두고 오다

나는 서둘러 음식을 준비했다. 내가 아이들에게 해 줄 음식은 카레였다. 친구들과 함께 전통시장에 들러 돼지고기 10킬로그램과 카레에 쓰일 야채를 샀다. 100인분을 만드는 것은 처음이라 평소의 실력을 발휘하지 못했다. 걸쭉한 카레의 맛은 기대하기 힘들었고, 재료의 양을 가늠하지 못했던 탓에 고기와 야채도 충분하지 못했다. 하지만 아이들은 고맙게도 내가 만든 음식을 맛있게 먹어줬다. 그날 그들에게 제공한 한끼 식사의 총비용은 1,000페소(한화 약 3만 원) 정도였다.

　식사를 마치고 뒷정리를 한 후 발길을 집으로 돌리려는데 한 아이가 멀리서 나를 향해 뛰어왔다. 아이의 손에는 과자가 들려 있었다. 1페소(한화 약 30원)에 사먹을 수 있는 과자였다. 그 아이는 어색하지만 또렷한 발음으로 "감사합니다." 하고는 내 손에 과자를 쥐어준 채 뒤돌아 뛰어갔다. 나는 내 손에 놓인 과자를 보고 한동안 말을 잊었다. 영어는커녕 모국어조차 읽고 쓸 줄 모르는 아이가 한국어로 고마움을 전하고자 했다는 점, 아이에게는 너무나 큰돈을 내게 썼다는 점에 진한 감동을 받았다.

고맙게도 커리를 맛있게먹어 준 사팍 아이들

호주, 그곳에 나를 두고 오다

　나중에 들은 이야기로는, 카레 안에 들어간 고기가 그들로서는 거의 한 달 만에 처음 맛본 고기였다는 것이다. 2년 전 약속을 지키겠다는 마음만으로 실력 발휘도 제대로 하지 못한 요리였지만 아이들은 크게 감동했던 것이다. 1페소짜리 과자가 머리에서 떠나지 않는다. 과분한 마음을 돌려받은 것 같아 가슴이 뭉클해진다.

　내가 쓴 돈 1,000페소, 한화 3만 원이라는 돈으로 우리는 어떤 일을 할 수 있을까? 요즘에는 물가가 많이 올라 술 한 잔 제대로 할 수 없는 돈이라 여길 수 있다. 3만 원과 30원. 돈의 액수는 중요하지 않다. 하지만 1페소짜리 과자를 받고 느낀 감동은 지금도 생생하다. 그런 의미에서 돈의 액수가 행복의 가치를 결정짓는다고 할 수 있을까? 우리들의 기준으로는 불행할 수 밖에 없는 그들이 행복한 이유가 바로 여기에 있는 것은 아닐까?

서바이벌 영어는 실력이 아니다

"저 친구 호주워킹 갔다가 필리핀 왔대요. 어제 레벨 테스트 봤는데 레벨이 초급이 나와서 어제 막 학교에 항의하고 장난 아니었대요."

수군거리는 소리가 학교에서 들린다. 호주워킹에 도전하려는 예비 워홀러들에게 호주 워홀 유경험자는 큰 관심거리다. 그것도 이제 막 워킹을 마치고 돌아왔다고 하지 않는가. 그런데 그들은 이상하리만치 필리핀 어학교의 레벨테스트에서 낮은 레벨이 나온다. 그리고 그들은 왜 내가 이 정도 실력밖에 안 되냐며 결과를 받아들이지 못하고 항의한다. 그 모습에 과거의 내 모습이 겹친다.

지금은 레벨테스트 결과가 정확하다는 걸 안다. 물론 모든 필리핀 학교의 레벨테스트는 토익 고득점자도 제대로 풀지 못할 정도로 상당히 어렵다. 필리핀 학교를 무시하는 몇몇 학생의 기를 죽이기 위해서다. 필리핀 학교 레벨테스트에서 가장 중요하게 보는 것은 정확한 어법에 근거한 말하기다. 의미전달로 자신의 의사를 말하는 워홀러 유경험자는 이 부분이 부족한 것이다. 우리나라 사람들도 어법에 신경 쓰며 이야기하는 사람 없듯, 호주 사람들도 실생활에서 영어문법에 신경 쓰며 이야기하는 사람은 없다. 그러다 보니 영어로 의미전달이 되었으니 영어를 잘한다는 착각에 빠지기 쉽다.

아무리 잘못되었다 항의한다 해도 레벨테스트에서 측정된 영어 실력이 본인의 영어 실력이다. 설사 항의가 받아들여져 정정이 되었다 해도 필리핀 학교에서의 레벨 정정이지, 본인의 영어 실력이 정정된 것은 아니다.

"현실도피 차 호주워킹을 선택한 건 아닌가요?"

과거의 내가 대기업 면접관에게 받았던 질문을 그들에게 던졌다. 나도 모르게 심판자라도 된 것처럼 그들을 판단하려 하고 있었다. 그들이 경험하지 않으면 내 이야기가 기분 나쁠 수 있다는 것을 알면서도, 그들에게 질문한다. 수년 전 내가 그랬던 것처럼, '당신이 나에 대해서 뭘 안다고 잔소리야!' 라는 표정으로 쳐다본다.

배려 없는 원어민 선생님?
그들이 진짜 외국인이다

Pardon? Could you tell me again?" 다시 한 번 영어로 답하지만 원어민 선생님은 고개를 갸우뚱하며 내 말을 못 알아듣는다. 실제로 원어민 수업에는 학생들의 발음을 못 알아듣는 선생님의 "다시 말해줘"라는 말이 자주 들린다. 최소한 10번은 듣는 말이다.

필리핀 학교의 대부분은 원어민 선생님을 적게는 한 명, 많게는 10명 내외까지 보유하여 학생들의 요구를 충족한다. 많은 학생들이 처음에는 원어민 선생님의 수업을 기대한다. 하지만 친구처럼 편하게 1:1 수업을 하던 필리핀 선생님하고 다르게 발음이 조금이라도 어긋나면 "Pardon?"을 외치며 틀렸다 이야기하는 원어민 선생님의

캐나다 선생님 GORDON과 함께

수업을 시간이 지날수록 꺼리게 된다.

나 역시 처음에는 원어민 수업이 답답하기만 했다. 나는 말하기를 하고 싶은데 오자마자 혀 모양을 어떤 식으로 해야 되고, P발음 F발음은 어떻게 틀린가에 대해서만 1시간을 할애하는 원어민 선생님을 보면서 여간 실망한 것이 아니다. 그런 여파 때문인지 필리핀 학교 출석률 100프로의 가장 큰 걸림돌은 원어민 수업이라는 이야기도 들린다.

"필리핀 선생님과의 일상 대화는 다 가능한데 재미없게 왜 발음만 가지고 그러는 거야?" 볼멘소리를 하는 학생들도 많았다. 그리고 실제로 학생이 수업 변경을 요청해 그룹 수업이 1:1 수업이 되는 경우도 있다. 속상한 마음에 원어민 선생님은 하소연하듯 나에게 말한다.

"내가 배려가 없는 것이 아니라 나 같은 모습이, 학생들이 이제 앞으로 겪게 될 원어민들인데 그것을 이해 못하는 학생들이 안타깝다."

내가 조금이라도 잘못된 발음을 하면 "Pardon?"을 외치는 선생님. 내가 잘못된 문법과 발음을 사용해도 퍼즐 맞추듯 배려있게 대화를 이어가는 선생님. 과연 우리들은 어떤 사람을 호주에서 만나게 될까?

6년 전 필립이라 미리 정해놓은 영어 이름을 정작 호주인들이 못 알아들어 크리스로 바꿨던 내가 그 질문에 답한다면, 진정한 배려를 하는 사람은 원어민 선생님이 아닐까?

호주, 그곳에 나를 두고 오다

조종대를 잡고, 내가 원하는 방향으로!

누가 뭐래도 두 번째 호주워킹의 조종대를 잡은 사람은 나다. 관광가이드 졸졸 따라다니는 관광객처럼 행동했던 과거의 모습은 이제 없다. 2006년 당시 20대의 열정 가득한 청년은 귀를 막은 먹통 청년이었다. 성공사례가 자신의 이야기가 될 거라는, 헛된 이상을 품은 청년이었다. 열정이면 뭐든지 될 것이라는 생각을 가진 순진한 청년이었다.

필리핀 어학연수 기간이 끝나고 호주로 가는 날이 점점 다가올수록 과거의 청년이 얼마나 우매했는지 깨닫게 되었다. 그리고 불안감이 엄습했다. 필리핀 친구들과 대화하는 것은 문제가 없지만, 간혹 수업을 통해서 만났던 원어민 선생님들이 내 발음을 못 알아듣는 것

졸업 프레젠테이션

클래스메이트들과 함께

에 따른 불안감이었다. 필리핀 학교 내 상위 5프로 안에 드는 성적이었지만 불안감은 어쩌지 못했다.

그런데 생각해보면 이 모습이 정상이었다. 비영어권 나라에 사는, 20년 넘게 영어를 쓰지 않던 사람이, 고작 3~4개월 영어를 공부해서 영어 정복을 할 수 있을까? 이상하게도 필리핀 어학연수 기간을 마치면, 자신감 없어 하던 학생들도 '이 정도면 영어 좀 하는 것 아니야?'라는 자만에 빠진다. 물론 의사전달은 된다. 이상한 문법으로 혹은 틀린 언어로 이야기해도 필리핀 선생님은 느낌으로 유추해서 상황을 이해한다. 즉 상대방은 의미파악만 한 것이다.

한국어도 마찬가지다. 한국어 한다고 한국인이 모두 달변가는 아니지 않은가? 한국에서 대표적인 달변가로 김제동을 꼽는다. 그가 달변가라는 근거는 그의 어휘력에 있다. 어휘력은 꾸준히 책을 읽고 공부했기 때문에 좋아진 것이다. 한국인이 국어로 한국어를 공부하듯, 영어권 국가에서는 국어로 영어를 공부한다. 우리가 김제동의 달변에 감탄하는 것처럼 그들도 오바마 연설을 보며 감탄한다.

타 언어를 배운다는 것은 쉽지 않다. 부러우면 지는 거다. 달변가를 목표로 영어 공부는 현재도 진행형이다.

호주, 그곳에 나를 두고 오다

일반영어와 고급영어의 차이

필리핀 어학연수도 변화하고 있다. 예전에는 초급을 떼기 위한 일반영어 반만 개설되어 고급영어는 외국에 가서 수료해 오는 것이 정석이었다. 하지만 요즘 필리핀 어학연수에는 호주, 미국, 영국 등에서 1년 어학연수를 하고 온 사람들을 대상으로 고급영어 반을 편성하고 있다. 아무래도 한국인 출신 필리핀 학교 원장님이 늘다 보니, 한국 실정에 맞춰 생긴 변화인 것 같다.

처음에는 많은 이들이 필리핀 어학연수를 무시했던 것이 사실이다. 하지만 지금 유학시장에서 필리핀 어학연수는 영어권 나라를 가기 위한, 즉 초보 딱지를 떼기 위한 징검다리 역할을 톡톡히 하고 있다. 거기에 대한민국 사회에서 요구하는 영어점수도 필리핀에서 따

월 1회 레벨 테스트

호주, 그곳에 나를 두고 오다

게 되면 고득점을 받기 쉽다.

보통 일반영어과정은 beginner, pre-inter, inter, upper, advance 반으로 편성이 된다. 그런데 문제는 내가 아무리 upper, advance 반으로 졸업을 했다 하더라도 누구 하나 알아주는 사람이 없다는 현실이다. 어떤 학교를 가든지 각 학교마다 레벨차가 있고 일반영어 레벨은 객관화된 점수가 아니기 때문이다. 원어민 같은 영어 실력을 가졌다 하더라도 지원서에 토익점수가 없다면 서류전형에서 떨어진다. 대한민국 사회는 객관적인 증명을 필요로 한다. 필리핀 학교에 고득점을 위한 반이 생긴 연유는 이 때문이다.

물론 처음에는 '모국어가 필리핀어인데 얼마나 잘 가르치겠는가?'라는 의문을 가질 수 있다. 하지만 한국에서 고득점을 받는 가장 빠른 방법이 족집게 선생님 수업을 듣는 것이듯, 필리핀 선생님들은 고득점 요령을 잘 알고 있다. 실제로 필리핀 학교에서는 3개월 점수보장 반을 만들어 운영하고 있다. 그 반의 학생들은 새벽부터 늦은 밤까지 제2의 고3 수험생이 되어 자신의 꿈을 위해 열심히 공부한다.

나이들어서 너무 빡빡하게 공부하는 것 아니냐 묻는 나에게 그들은 말한다. 꿈을 위해 3개월, 4개월 고3으로 다시 돌아가는 것이 뭐 그리 어렵겠냐고. 대한민국 사회가 잘못되었다 말만 하며 정작 자신에게는 관대했던 내 자신이 부끄러웠다.

호주, 필리핀 학교 영어레벨

호주학교 레벨테스트는 학교마다 차이가 있지만 보통 1~6단계로 나눠지며 4주에서 길게는 8주까지 한 번의 시험을 본다. 만약 이 레벨테스트에서 떨어지더라도 10주에서 12주 정도 공부하면 다음 레벨로 진급 가능하다. 보통 제너럴 과정은 다음과 같다.

- **Beginner level** 몇 개의 영어 단어만 알고 있는 수준으로 의사소통이 힘들어 기초부터 배우는 단계다. 이 단계는 전혀 영어를 접하지 않는 국가 사람들이 많이 분포되어 있다.

- **Elementary level** 일상생활에서 기본적인 의사소통이 되고 여행에 필요한 영어와 단순한 의사소통이 가능한 단계다. IELTS 2.0, IBT TOEFL 20~40점에 해당한다.

- **Pre-intermediate level** 일상생활에서 해외여행에 이르기까지 다양한 의사소통이 가능하며, 듣기 능력, 문법 및 어휘력을 보다 개발해야 하는 단계다. IELTS 3.0~3.5, IBT TOEFL 40~60점에 해당한다.

- **Intermediate level** 자신감을 가지고 영어로 말하고 듣는 수준이며 이

호주, 그곳에 나를 두고 오다

과정을 듣는 사람들은 비즈니스 코스, TESOL코스, IELTS시험 준비반 등을 들을 수 있는 자격이 주어진다. IELTS 3.5~4.5, IBT TOEFL 60~80점에 해당하며 캠브리지 FCE시험 대비반 수강이 가능한 단계다.

- **Upper-intermediate level** 편안하고 유창하게 영어를 쓰는 수준이며 토론하고 논쟁하며 자신의 의견을 피력할 수 있는 수준이다. IELTS 4.5~6.0, IBT TOEFL 80~100점 수준이다.

- **Advanced level** 적절한 유머를 구사하며 다양한 방식으로 교양있는 언어를 구사할 수 있는 수준을 말한다. 자유롭게 외국인들과 프리토킹 이 가능한 수준이다. IELTS 6.0이상, IBT TOEFL 100~120점에 해당 한다.

이와는 대조적으로 필리핀 학교는 레벨이 한 단계에서 두 단계 호주 학교 평균 레벨보다 낮게 나온다. 필리핀 학교의 대부분은 레벨테스트를 볼 때 토익 고득점자도 제대로 풀지 못할 정도의 어려운 문제를 출제한다. 필리 핀교육을 무시하는 몇몇 학생의 기를 죽이기 위해서다. 특출한 몇몇 학생 을 제외한 학생들은 Beginner 레벨로 입학한다.

PART
3

호주, 오랜만이다!

낯선 곳에 대한 두려움
새로운 도전의 설렘

말레이시아 쿠알라룸프루 공항, 최저가 항공인 에어아시아를 타면 경유하게 되는 에어아시아 허브라고 할 수 있는 곳이다. 공항은 수많은 인파로 북적인다. 자신의 몸집만한 배낭을 들고 바쁜 걸음을 옮기거나 경유할 비행기를 기다리는 배낭여행객들이 많이 보인다. 에어아시아 항공사는 다른 항공사에 비해 경유 대기 시간이 길다. 긴 대기시간을 감수하고도 저가항공을 구입한 여행객들은 공항에서 불편한 잠을 자기도 한다.

나 역시 12시간 정도를 대기해야 했다. 나는 무작정 버스를 타고 쿠알라룸프루 시내로 나왔다. 예전이었다면 길이라도 잃으면 어쩌나 싶어 공항을 벗어나지 않았겠지만 이제는 다르다. 최영미 시인

의 산문집 '길을 잃어야 진짜 여행이다' 라는 제목처럼 배짱 두둑하
게 도전하고 싶어졌다. 처음이니 낯선 것이고, 모르면 물어보면 되
지 않은가.

　과거에는 한국인 가이드가 있어야 마음이 편했다. 그들에게 내 의
사를 말해 외국인과 소통하는 것에 거리낌이 없었다. 아무래도 모국
어인 한국어가 편하니까. 하지만 지금은 직접 의사를 전달하는 것이

좋다는 것을 안다. 아무래도 한국어를 영어로 통역하는 과정에서 (통역자의) 자의적 해석의 우려가 있다는 걸 알기 때문이다.

생각해 보면 호주워킹은 만 30세 미만에 선택할 수 있는 하나의 큰 도전이다. 하지만 과거에 했던 호주워킹은, 도전이라기보다는 도피에 가까웠다. 쳇바퀴 돌듯 단순하고 연속적인 삶에 대해 환멸을 느껴 떠난 것이었다. 그렇게 시작된 호주워킹이 순조로울 리 없었다. 자신의 의사전달은커녕 먹고 싶은 햄버거도 주문하지 못해 단답형으로

호주, 그곳에 나를 두고 오다

세트 A, B만 주문하는 사람에게 새로운 곳에 대한 설렘을 느낄 여유
는 없었다. 오로지 낯선 곳에 관한 두려움뿐이었다.

　매년 3만 명의 대한민국 젊은이가 호주워킹을 위해 한국을 떠난
다. 대한민국은 전 세계에서 영국 다음으로 호주워킹을 많이 가는 나
라이다. 그들은 과연 새로운 도전으로서 선택했을까? 아니면 도피로
서 선택했을까? 호주로 향하는 비행기 안에서 설렘을 느낄까, 두려움
을 느낄까?

TIP 호주달러 환전하기

보통 호주달러를 환전할 경우 많게는 몇 만 원의 수수료를 떼간다. 보통 자신의 주거래
은행이 있다면 은행원에게 부탁해 환율우대쿠폰을 통해 수수료를 감면받지만 유학원에
서 거래하는 주거래은행보다는 저렴하지 않다. 유학원은 꾸준히 외환을 보내고 받기 때
문에 환율우대를 최대 80프로까지 받는 경우도 있으니 참조하라.

조금 다른 출발

"호주 여행 예정인데, 어디가 좋을까요? 추천해 주세요." "저 호주에서 여행은 안 했습니다. 바다도 못 가봤는데요."

내 대답에 질문을 던진 이는 이해 못하겠다는 눈길을 되돌린다. 그랬다. 첫 번째 호주워킹에서 나는 농장과 새벽청소 일을 하느라 여가 시간에는 카지노에 가느라, 근처 바닷가 한 번 가지 못했다. 그때 못본 바다를, 호주 도착 첫날 보고 싶었다. 나는 브리즈번에서 1시간이면 갈 수 있고, 세계가 인정한 아름다운 바다가 펼쳐지는, 골드코스트 국제공항을 통해 호주에 입국했다. 서퍼스 파라다이스, 세계적인해변 골드코스트에서 머물 예정이냐고? 아니다. 내가 머물 곳은 브리즈번이다.

골드코스트 공항 ↔ 브리즈번시티 티켓

그런데 에어아시아 항공사는 브리즈번 노선이 없어서 가장 가까운 골드코스트로 입국한 것이다. 그래도 덕분에 호주라는 나라를 만난 지 6년 만에야 내 눈에 바다를 담을 수 있었다.

첫 번째 호주워킹에서는 유학원 픽업서비스를 신청했었다. 홀로 찾은 골드코스트 공항. 이상하리만치 두려움은 없었다. 예전에는 유학원 픽업 시간에 늦을까봐 하지 못했던 사진촬영도 했다. 골드코스트 공항 앞에서 6년 만의 도전을 자축하듯 삼각대를 펼쳐놓고 플래시를 터트렸다.

브리즈번 시티로 가는 방법은 유학원 픽업서비스, 택시, 버스 이렇게 세 가지가 있다. 유학원 픽업서비스를 이용하면 140불 이상, 택시는 100불, 버스는 18.7불의 비용이 든다. 이동 시간만 본다면 모두 1시간 남짓으로 비슷하다. 나는 버스를 선택했다. 사람마다 느끼는 바는 다르겠지만, 버스 이용시 불편함은 도보로 5분 정도 걸리는 버스정류장까지 짐을 들고 가야한다는 것 정도였다. 더 보탠다면 버스가 도착할 때까지 기다려야 한다는 것 정도?

비용만 놓고 봤을 때, 나는 약 80불에서 120불을 번 셈이다. 물론 다른 교통수단보다는 몸이 힘들 수 있다. 하지만 버스 창밖 풍경으로 호주에 왔다는 것도 실감하며 다소 분위기에 젖어볼 수도 있어서 견딜만 했다.

그리고 보면 악착같이 돈을 모으겠다고 다짐했던 6년 전 나는, 처

호주, 그곳에 나를 두고 오다

음부터 돈을 벌 기회(?)를 놓쳤다. 호주에서 가장 쉽게 돈을 벌 수 있는 첫 기회였는데……. 지금 이 순간에도 호주공항에 도착한 워홀러들이 있을 것이다. 그들 대부분의 목적은 돈을 버는 것이다. 호주 도착 첫날인 만큼 그 각오도 대단할 것이다. 부디 나처럼 첫 기회를 놓치는 불상사는 없기를 바란다.

사회적 약자가 우선인 나라

브리즈번에 도착했을 때 '지상천국'이라는 단어가 떠올랐다. 그동안 네모 반듯하고 직선뿐인 풍경만 접했었는데, 브리즈번은 자연이 바로 옆에 와 있는 것 같았다. 또 거리에서 스치는 사람들의 얼굴 표정은 한결같이 밝았다. 대한민국에서 스치며 보았던 경직된 표정과는 달랐다. 상대적이고 주관적인 감정일 수 있다. 다만 내가 느낀 브리즈번에 사는 호주인들은 행복해 보였다. 개인적으로 감명 깊었던 점은, 호주에는 장애인이나 노약자를 위한 공간이 곳곳에 마련되어 있었다는 것이다.

비영리로 운영하는 장애인신문 기자단에서 활동한 적이 있다. 그때 대한민국 내 장애인의 인권에 대해 많이 알게 되었고, 우리나라 사회

PART 3 ● 호주, 오랜만이다!

는 철저히 비장애인 사회라는 걸 느꼈다. 대학 혹은 회사에서 특별전형 형식으로 장애인을 뽑는 경우가 있다. 그런데 그 뿐이다. 적응이 힘들어 졸업을 못하거나, 퇴사를 하는 경우가 많다. 간혹 졸업을 하게 되면 모든 사람들 앞에서 상을 받는다. 장애인에게 설 자리가 없는 곳에서 굴하지 않고 자신의 꿈을 이룬 것에 대한 상패를 주는 것이다.

사실 장애인들은 몸이 불편한 사람이지 특별한 사람들이 아니다. 몇몇 이들은 '장애우' 라는 단어를 쓰면서 장애를 가진 사람을 친구로서 대해 줘야 한다고 강변한다. 하지만 그들은 특별대우를 원하지 않으며 동정하는 태도를 싫어한다.

호주에서는 그들을 향한 동정의 시선을 느끼지 못했다. 몸이 불편하기 때문에 겪을 고충을 먼저 헤아려주고, 같은 사회구성원으로서 함께 하고자 하는 배려가 보였다. 단적인 예로 대부분의 건물에 장애인을 위한 시설이 마련되어 있다. 한 장애인의 입학을 계기로 그 학교가 장애인을 위한 시설을 마련했다며, 단 한 명을 위해서도 투자를 아끼지 않는다는 기사가 떠오른다.

앞서 말한 기자단 활동 중 만난 장애인 친구들은 나에게 말했다. 장애를 가진 순간 우리나라 사회는 자신을 이방인으로 내쫓았다고……. 휠체어를 탄 장애인이 비장애인과 어울려 춤을 추고 있는 모습이 심심치 않게 눈에 띈다. 지구 반대편에 있는 그 친구는, 한 번의 외출도 큰 모험일 텐데 말이다.

호주, 그곳에 나를 두고 오다

PART 3 ● 호주, 오랜만이다!

호주워홀 첫 도시가 브리즈번이면
한 번쯤 들어봤을 잉햄!

류수향

소고기 공장처럼 Q-Fever 주사를 맞고 손가락 인대가 늘어날 정도로 고된 일을 하는 것도 아니고, 농장에서의 뜨거운 햇빛을 피할 수도 있으며, 현지인보다 악독한 한인 밑에서 굴욕적인 임금을 받으며 일하지 않아도 되는 워홀러들의 삼성 잉햄! 제가 처음으로 잉햄이라는 공장을 알게 된 것은 브리즈번 한인 민박집에서 만난 오빠에게서였습니다. 워홀 막차를 탔다고 할 정도로 지긋한(?) 나이에 온 우리는 오자마자 일을 구해야 되는 형편이었습니다. 워홀 생초보인 오빠와 나는 일자리를 구하기 위해 서로의 이력서는 물론 아는 정보들을 공유했습니다. 참 애석하게도 저에게 정보를 주었던 그 오빠는 잉햄에 떨어지고 저는 잉햄에 입사하게 됩니다.

잉햄은 통상적으로 4차에 걸친 테스트를 거쳐야 들어갈 수 있습니다(경우에 따라서는 3차만 하고 끝나는 경우도 있습니다). 1차 전화인터뷰, 2차 체력테스트, 3차 개별 인터뷰, 4차 안전교육 및 회사 역사 등등의 반나절 교육입니다.

잉햄 입사 시 가장 중요한 것은 영어입니다. 유창한 영어까지는 아니더라도 적어도 첫 번째 전화 인터뷰에서 면접관이 무엇을 질문하는지 알아들을 수 있는 정도의 LISTENING과 질문에 간단하게 답할 수 있는 SPEAKING 능력은 필수입니다. 전화 인터뷰는 얼굴을 보면서 인터뷰하는 것과 달리 어렵게 느껴지겠지만 긴장할 필요가 전혀 없습니다. 이력서에 대한 확인과 간단한 질문에 쉬운 영어로 천천히 대답하면 됩니다. 못 알아들은 질문은 되묻고 대답도 천천히 하면 됩니다. 저 역시 'COVER- SHOES 신고 오라'는 이야기를 못 알아들었더니 천천히 한국말로 '운동화'라고 이야기해줬습니다.

2차 체력테스트는 간단한 근골격계 건강체크와 청력 테스트이고, 3차 개별 인터뷰는 협동을 요구하는 단체 과업 시에 일어날 수 있는 문제에 대한 해결능력, 자신의 가치관 등등을 질문하는데 긴장하지 말고 임하면 됩니다. 저의 경우는 면접관 할머니가 아주 친절한 인상이어서, 웃으면서 부담 없이 통과할 수 있었습니다.

워킹홀리데이를 오실 때 막연히 부딪혀 보겠다는 생각으로 오시는 분들, 실제 이곳 호주에 오면 진짜 부딪히기만 하고 한국으로 돌아가는 분들 많습니다. 꼭 기본영어회화는 하고 호주로 가세요. 만약 입사가 된다고 하더라도 리딩핸드나 슈퍼바이저는 원어민이기 때문에 일하는 데 굉장히 힘듭니다. 저도 적지 않은 나이로 워홀을 떠났기에 나름 영어공부를 하고 갔지만 막상 공장에서의 대화는 엄청난 슬랭과 온갖 나라의 특이한 악센트로 무장한 랩퍼들과의 배틀 마냥 굉장히 힘들었습니다.

기회가 왔을 때 잡을 수 있는 사람은 준비가 된 사람입니다. 호주로 가실 때 가장 든든한 빽은 그곳에 있는 지인도, 넉넉한 정착금도 아닌 바로 영어입니다. 잉햄은 모든 워홀러들이 원하는 신의 직장임에 틀림없습니다. 저도 굉장히 즐겁게 6개월의 공장생활을 보냈습니다. 물론 힘든 일도 많았지만 좋은 친구들도 만나고, 그들 속에서 진짜 호주 자연인이 되었던 내 인생 최고의 시간이었습니다. '누군가가 어디서 대박을 쳤다더라'는 이야기는 누구나 한두 번은 들어보았을 겁니다. 그 누군가가 내가 되기 위해서는 철저한 준비와 기다리기보다 먼저 다가가는 사람이 되는 용기와 노력이 필요합니다.

마지막으로 호주에서는 한국인들끼리 서로 시기하고 속이고 사기 치는 경우가 많이 있습니다. 호주워킹 와서 가장 조심해야 될 사람들이 한국사람이라는 이야기도 합니다. 하지만 낯선 이국에서 큰 버팀목이 될 수 있는 것 역시 한국사람들입니다. 좋은 사람들 만나시고 서로 힘이 될 수 있는 사람들이 되기를 희망합니다.

한국사람 믿지 마라?

—————— 추억에 젖어 브리즈번 시내를 걸어 다녔다. 그리 변하지 않은 건물 덕에 예전 추억을 회상하는 데 무리가 없었다. 한 곳에 발걸음을 멈춘다. 만남의 장소, 헝그리 잭. 6년 전, 서로 다른 이유로 호주워킹을 선택했던 이들이, 수업 혹은 일이 끝나면 회포를 풀기 위해 만났던 장소이다. 근처 벤치에 앉아 상념에 잠겨 있었는데, 한 여성이 다급하게 말을 걸었다.

"저기요. 죄송한데 전화 한 통 쓸 수 있을까요?"

"예? 무슨 일이신데요?"

"제 전화기가 이상한 건지 상대방이 전화를 안 받아서요. 아침까지만 해도 통화를 했는데 연결이 안 되네요."

조금은 당황스러웠지만 너무 절박해보여 전화기를 내줬다. 그녀는 얼굴이 상기된 채 전화를 걸었다.

"아 저기요! 저 아까 물건 샀던 사람인데요. 그 물건이……, 저기요! 여보세요? 안 들리세요?"

재통화를 시도했지만 이미 상대방 전화기는 꺼져 있었다. 연거푸 시도했지만 결국 연결이 되지 않았다. 전해들은 사연은 이러했다.

한국인이 운영하는 사이트에서 '귀국세일'이라며 급매로 나온 휴대폰을 구입했는데, 멀쩡하다고 생각했던 휴대폰이 계속 전원이 꺼

졌다 켜졌다 한다는 것이다. 게다가 알아보니 자신이 지불한 중고휴대폰 가격이, 새 제품 가격과 큰 차이도 없다는 것이다. 문제는 그뿐만이 아니었다. 그녀는 중고핸드폰과 함께 브리즈번 교통카드인 GO카드도 구입했는데, 유효기간이 지나서 사용이 불가한 카드였다.

그녀의 사정이 너무 딱해 연락처를 알려주며 도움을 주겠다고 말했다. 내 제안에 그녀가 순간 경계심을 품는 것을 알 수 있었다. 이미 그녀의 뇌리에는, 외국에 가면 한국인을 믿지 말라는 말이 각인된 상태였을 것이다. 그녀는 어색한 작별인사를 하며 재빠르게 그 자리를 벗어났다.

生정보 • 브리즈번 교통카드 GO카드 완전정복

브리즈번 GO카드는 일반티켓을 사용하는 것보다 30%가량 저렴하며 10번 사용하면 반값으로 이용가능하다. 피크타임에는 10%의 가격할인이 된다. 모든 구간을 이용할 때 환승이 되기 때문에 편리하며 GO카드는 온라인, 뉴스 에이전시, 기차역 등에서 구입이 가능하다.

GO카드에 대한 보증금은 현재 5불이며 일반인과 달리 어린이와 학생증 소지자 같은 경우는 교통비가 반값이다.

호주, 그곳에 나를 두고 오다

30대 한국인 여성과
70대 호주 노인의 사랑?

돈이 조금씩 바닥을 드러내고 있다. 호주에 가면 바로 일을 구할 수 있다는 생각으로 많은 돈을 들고 오지 않은 탓이 컸다. 돈이 없으니 마음이 조급해졌고, 결국 계획에 없던 유학원 근무를 한 달간 하게 되었다. 유학원 블로그 관련 마케팅 일이었는데, 한국 내 유학원에서 일한 경력이 있었기 때문에 바로 일을 시작할 수 있었다.

호주에서는 아무렇지도 않은 일이 한국에서는 소중한 정보가 되는 그런 글을 블로그에 작성하는 것이었다. 그동안 호주워킹에 관한 글을 많이 작성해 온 터라 일은 그리 어렵지 않았다. 유학원에 방문하는 유학생을 통해 글쓰기 소재도 많이 얻었다.

블로그에 올릴 글을 작성하고 있던 어느 오후였다. 타닥타닥. 유학원은 내 타자소리가 들릴 정도로 조용했다. 문소리가 들리고 한 서른 살쯤 되어 보이는 여성이 조심스레 들어왔다. 그리고 뒤이어 70대는 넘어 보이는 노인이 들어왔다. 노인은 지팡이가 없으면 고꾸라질 것 같이 위태한 걸음으로 여성의 옆자리에 앉았다. 여성은 한국인이었고, 노인은 호주인이었다.

유학원 직원은 무슨 일인지 직감한 듯 난감한 표정이 되었다.

"저 무슨 일 때문에 오셨어요?"

호주, 그곳에 나를 두고 오다

"저 결혼하려고요. 근데 비자를 어떻게 해야 될지 몰라서요."

사정이 궁금해 엿듣고 있던 나는, 내 귀를 의심했다. 아무리 사랑에는 국경이 없다고 하지만 30대 여성과 70대 할아버지의 결혼? 유학원 직원은 짐작했던 이유가 맞았다는 듯, 조금은 쌀쌀한 어투로 말했다.

"결혼요? 지금 이 앞에 계시는 할아버지와요?"

"예! 나이 차이는 많지만 정말 사랑에는 국경이 없다는 이야기가 저한테 적용될지 몰랐어요. 말이 잘 통하고 제 마음도 이해해주고 그래서 결혼하려고요.”

할아버지의 손을 꼭 잡으며 과장된 몸짓과 믿어달라는 호소의 눈빛으로 유학원 직원을 바라보았다.

“근데 지금 비자가 무슨 비자고, 어디서 이 분을 만났나요?”

“예! 제가 관광비자로 와서, 클럽에서 만났어요.”

미간을 찌푸린 채 유학원 직원은 무미건조한 어투로 말했다.

“관광비자로 와서 운명적인 사랑을 클럽에서 만났고, 결혼을 해서 비자연장을 원한다는 거죠? 죄송한데 저희는 그런 사례가 없어서 도와드릴 수 없을 것 같네요.”

확실한 거절을 들은 그녀는 사랑에 빠진 연인 역할도 잊고, 정말 안 되는 거냐고 다그쳤다.

“제 아는 동생이 여기에서 해줄 수 있다고 해서 왔는데, 안 되나 보네요.”

그렇게 그녀는 황급히 유학원을 빠져 나갔다.

한국인이 운영하는 호주포털 사이트 내에서 어렵지 않게 보게 되는 ‘영주권 가진 사람입니다. 아리따운 여성 구합니다!’ 라는 구인광고가 기억났다. 그 글의 조회 수가 높다는 현실에 쓸쓸함이 느껴졌다.

호주, 그곳에 나를 두고 오다

100불? 110불은 받아야지!

내가 다니는 유학원은 중국 에이전시와 같은 사무실을 쓰고 있었다. 그래서 그런지 굉장히 시끄러웠다. 사무실이 아니라 시장판에 있는 건가 착각이 들 정도로 시끄럽다. 중국어를 모르니 대화 내용은 알 수 없지만, 모두들 절친한 친구인 것 같이 사무실이 떠나갈 정도의 데시빌로 대화를 한다. 알고 보면 그들 대부분은 처음 만난 사이다. 외지에서 만난 동족이라는 이유로 그렇게 친근한(?) 대화를 나누는 것이다.

우리들은 중국 사람을 '짱꼴라', '떼 놈'이라고 비하한다. 하지만 내가 외국에서 바라본 그들의 모습에서 솔직히 부러움을 느꼈다. 우리들은 월드컵 때 붉은 악마 티셔츠를 입고, 다 함께 대한민국 파이

팅을 외쳤다. 하지만 그렇게 세계인들이 놀랄 만큼 뭉쳤던 대한민국 사람들은, 외국에 가면 서로 믿지 못한다.

유독 소음이 심했던 그날은 중국인들이 대규모로 몰려 왔었는데, 농장으로 떠나는 친구가 있었기 때문이었다. 그들은 자신들의 정보망을 최대한 활용하여 떠나는 이들에게 농장정보를 알려주고 있었다. 이처럼 중국인은 같은 중국인이라는 이유만으로 아낌없이 정보를 내준다.

호주, 그곳에 나를 두고 오다

실제로 중국인은 중국인들끼리의 정보망을 공유하고 있다. 우리나라 사람들이 공유하는 사이트에는 '한국사람 믿지 말라' 는 이야기가 팽배한 반면, 그들은 철저한 믿음 속에 알짜배기 정보를 공유한다. 그리고 도움을 받은 중국인들은 다른 중국인들을 위해서 다시 정보 공유를 한다. 실제 '호주 내 가장 좋은 정보는 중국인들끼리 공유되는 정보' 라는 이야기가 있다.

그런 생각들을 하며 블로그 관리를 하던 중, 안면이 있는 한 한국인이 집 렌트를 위해 유학원 직원을 찾아왔다.

"또 렌트하게? 지금 세 군데 렌트하고 있지 않아?"

"아니. 좋은 자리가 있어서. 놔두면 뭐해, 재테크 해야지."

"자리가 좋기는 좋네. 4존 정도 되니깐 한 사람당 100불씩 받으면 되겠네."

그 이야기에 정색하며 그는 말했다.

"뭘 100불, 최소한 110불 이상은 받아야지."

그들의 대화는, '외국에 나가면 한국인을 믿지 말라!' 는 이야기가 과장된 거라고 믿고 싶은 내게 현실을 느끼게 해줬다. 110불로 렌트하는 그 누군가는 또 누군가에게 얘기하게 될 것이다, 한국사람 믿지 말라고.

호주학교 파산, 누구의 책임인가?

이강수

나는 2011년 9월부터 대전 S국제교육센터와 한국산업 인력공단에서 주최하는 호주 호텔 인턴십 프로그램에 1년간 참여하였다. 그 프로그램은 1개월 한국에서 어학연수를 받은 뒤 4개월은 호주어학연수, 나머지 6개월은 취업과정으로 전개되는 형식이다. 10월 28일 호주 시드니로 입국해 3일 뒤인 31일에 시드니 센트럴 역 근처 Surry hills에 위치했던 A college에서 레벨테스트를 보고 전형적인 한국인 워홀러들의 첫 레벨인 Pre-intermediate반에 배치되었다. 매 달마다 레벨 테스트를 보는데 레벨 테스트 결과에 따라서 다음 단계로 올라갈 수 있었다. 통상적으로 한 두 학생을 제외하고는 그 레벨에 잔류되었다(물론 나도 잔류).

그렇게 실질적으로 한 달 하고 몇 주의 수업을 듣고 크리스마스가 얼마 남지 않은 2011년 12월 15일 레벨테스트와 12월 말에 크리스마스, 신년 행사로 인한 일주일 방학을 목전에 두고 있는 상태에서 오전 수업 듣던 중 College 원장이 난데없이 학생들을 전원 호출하였다. 그렇게 호출을 받고 위층으로 올라갔는데 호주사설학교를 관리 감독하는 ACPET(호주사립교육훈련위원회) 장학사들이 학생들에게 파산 통보 및 학교 이전에 관련된 설명회에 참석하라는 통신문을 배포하며 "2011년 12월 15일 부로 해당 College는 더 이상 운영하지 못한다."라고 일방적으로 통보하였다.

졸지에 잘 다니던 학교가 파산되었다. 정확한 파산 이유는 아직까지도 모른다. 하지만 주변인들에게 들리는 소문으로는 호주 사설학교들이 각종 편법을 사용해 워홀러들의 법적 어학연수 기간인 17주를 초과하여 수강을 시키는 등의 불법적인 일을 했다는 것을 파산 이유로 꼽았다.

사실 그런 어학교의 사정도 사정이지만 정말 큰 문제는 졸지에 다니던 학교가 파산되어 갈 곳 없는 우리들 처지였다. 물론 현지 케어를 해주는 유학원에서 North Sydney에 있는 B컬리지로 전원 전학을 시켜줬지만 우리들 대부분은 파산된 학교 근처의 집에 거주하고 있는 상태였다. 또한 방학기간으로 지정된 2주보다 1주일이 더 오버된 방학기간을 보내야 되었다. 그 이유는 파산된 학교에서는 일주일 뒤에 방학이 시작 예정이었지만 B컬리지는 이미 시작을 한 상태였기 때문이다.

이와 같은 사례를 두고 많은 이들은 재수 없는 케이스라고 이야기할지 모른다. 하지만 호주 현지에서는 수없이 많은 학교들이 현재까지도 파산신고를 당하고 있다. 부실 학원 현실을 외면한 채 책임감 없이 프로그램만 만들고 판매하는 몇몇 양심 없는 업자들에게 '워홀러 개개인 인생의 소중한 1년을 생각 안하는가?' 라고 묻고 싶다.

현재 많은 이들이 호주워킹을 단순히 경험이 아닌 인생의 전환점으로 삼고 있는 이 시점에서 호주학교 파산을 단순한 해프닝으로만 보지 않기를 바란다.

워홀러들에게 정보를 가르쳐주지 마라?

'급 귀국 세일! 2000달러 RWC 보장, 급 귀국 세일! 레지 1년 연장 가능 RWC'

한국인들이 운영하는 사이트에서 가장 많이 거래되는 물품은 단연 자동차다. 그도 그럴 것이 호주의 교통편이 생각보다 좋지 않은 편이고, 시티를 벗어난 지역에 일자리가 많기 때문에 워홀러들에게 자동차는 필수라고 할 수 있다. 그러다보니 워홀러들이 가장 많이 당하는 사기 유형이 자동차와 관련된 사기이다.

그 중에서도 자주 접하는 것이 자동차 가격보다 수리비가 더 나왔다는 이야기다. 판매자는 겉만 번지르르한 차를 저렴하게 구매한 뒤, 자동차 정비소에 가 RWC를 리베이트를 주고 발급받는다. 그리고 '급 귀국 세일'이라며 한국인들이 많이 다니는 한인 슈퍼마켓 혹은 사이트에 매매관련 글을 올린다.

이미 짐작했겠지만, '급 귀국' 한다던 그는 1년째 '급 귀국'인 상태다. 그들은 그렇게 돈을 번다. 아이디어 하나로 돈 잘 번다며 주변인에게 자랑까지 서슴지 않는다. 그들이 저렴하게 자동차를 사는 사이트는 워홀러들에게 공유되지 않는다. 자신의 돈벌이에 문제가 생기기 때문이다.

실제로 호주 유학원에는 워홀러들이 모르는 알짜배기 정보들이 많다. 하지만 그들은 워홀러들에게 정보를 제공하지 않는다. 알짜배기 정보를 나누는 사람들은 오랜 기간 호주에서 함께 있을 학생비자 소지자 혹은 영주권 비자를 준비하는 사람들에게만 제공될 뿐이다. 그런 그들에게 분노하며 비난을 가할 수 있을까?

"워홀러들에게 예전에는 정보 많이 가르쳐줬죠. 그런데 그 사이트 지금 개판 됐어요. 서로 이용해먹고 사기치고… 그러다보니 우리들 사이에서 불문율이 생긴 거죠. 차라리 워홀러들에게 우리들의 정보를 알려주지 말자!"

지금도 정보 사이트에는 연일 사기성이 다분한 매매 관련 글로 도배되다시피 한다. 그 사기성이란 것이 아는 사람만 알게끔 포장되어 있는 것이 문제다. 정말 '급귀국' 하여 자동차를 매매하는 사람이 있을 텐데 말이다.

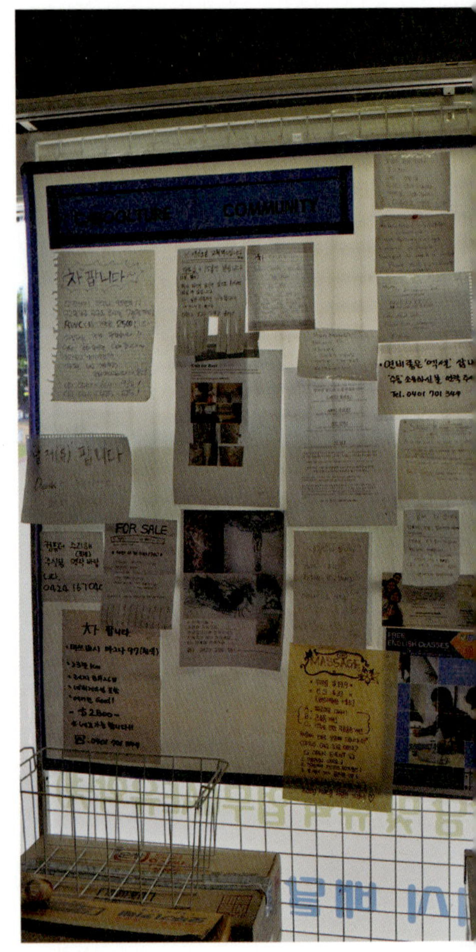

호주, 그곳에 나를 두고 오다

生정보 • 호주 내 꼭 알야 되는 사이트 정리

- **호주나라** http://www.hojunara.com/
  호주에서 가장 유명한 한인사이트로 호주에 방대한 정보가 수록되어 있으며 한국인들끼리의 물건매매가 가장 활성화된 사이트이다.

- **호주바다** http://www.hojubada.com/
  멜번 중심으로 뜨고 있는 한인사이트이다.

- **썬퀸즈랜드** http://www.sunqueensland.com/
  Queensland 최대의 벼룩시장 사이트로 농장, 공장 구인광고가 많이 올라온다.

- **썬브리즈번** http://www.sunbrisbane.com/
  Queensland 최대의 벼룩시장 사이트로 농장, 공장 구인광고가 많이 올라온다. 썬브리즈번 사이트는 브리즈번 지역 도심지의 물건매매거래가 이루어지는 사이트이다.

- **굼트리** http://www.gumtree.com.au/
  호주 내 중고나라 같은 사이트, 외국인 쉐어 및 일자리 정보가 많이 공유된다.

- **호주현지 구인직장사이트**
  http://www.seek.com.au/ (호주최대 구인사이트)
  http://www.ozwork.com.au/
  http://www.jobsearch.com.au/

- **카세일즈닷컴 : 호주 내 최대 중고차 사이트**
  http://www.carsales.com.au/

워홀러들끼리 공유되는 정보들

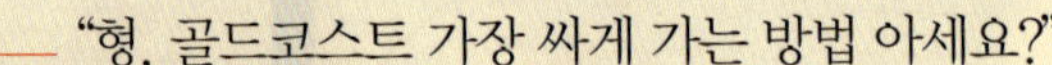 "형, 골드코스트 가장 싸게 가는 방법 아세요?"

"어? 골드코스트 트레인 타고 쭉 가면 되잖아. 아마 골드코스트가 18존인가 할걸?"

"그거야 다 아는 상식이고요, 더 싸게 가는 방법이 있어요."

"정말? 어떻게 가는 건데?"

"힌트 드릴게요. 보통 형 GO카드를, 트레인 탈 때 찍고 내릴 때 찍고 하잖아요. 근데 내릴 때 찍지 않으면 어느 정도의 벌금을 물죠. 여기에 착안해서 생각해 보세요."

"혹시, 찍지 않고 내려서 그 벌금을 차라리 낸다?"

"예! 맞아요. 형 머리 좋은데요?

내가 그 답을 말할 수 있었던 것은, 한국에서 그런 식으로 하는 경우가 간혹 있어서다. 실제로 호주에 오게 되면 여러 가지 꼼수가 발동한다. 한 푼의 돈이라도 아끼는 것이 지상과제가 되어버린 현실 속에 워홀러들은 조금씩 불법을 자행하게 된다.

내가 만난 학생 중에는 한 달 이후서부터는 교통비를 지불한 적이 없다는 이야기도 한다. 그 친구의 노하우는 다음과 같다.

❶ 트레인을 탈 때 시티에 내리지 마라. 시티에는 표 검사를 하는 사람이 많기 때문이다.

❷ 시티에서 한 두 정거장 뒤 역에 정차한다. 표 검사를 거의 하지 않기 때문이다.

❸ 앞 칸과 뒤 칸을 타지 마라. 보통 표 검사하는 사람들은 앞 칸과 뒤 칸에 타기 때문이다.

❹ 어쩔 수 없이 (요금을 내고) 탈 수밖에 없는 상황은, 자판기에서 학생용으로 끊어라. 학생 표는 보통 50프로 할인이 된다. 그러나 현지 전문대학, 대학을 다니지 않고서는 할인이 되지 않는다. 창구에서는 학생증을 요구할 수 있으니 자판기를 이용한다.

그 학생의 이야기는 많은 워홀러들에게 이제 '말씀'이 되어버렸
다. 그 이야기를 들으면서, 워홀러들에게는 정보를 공유하고 싶지 않
다는 유학원 직원의 심정도 이해가 갔다. '불법'이 '정보'가 되는 점
이 안타깝다.

TIP 내릴 때 카드를 찍지 않을 경우 트레인인 경우 5불 차감, 버스와 페리인 경우는
3불 차감, 공항 가는 트레인은 30불 차감된다.

호주, 그곳에 나를 두고 오다

호주 법은 편법이 많은 한국법이 아니다

브리즈번 방값은 6년 전에 비해 많이 올랐다. 렌트하는 사람들의 단합이 이어져서 그런지 나날이 올라 1인 1실은 엄두도 못 내고, 2인 1실을 구하더라도 시티 내 2인 1실은 130불 이상 줘야 가능했다. 하지만 나는 그 방을 구할 돈이 없었고, 장기계약을 원하는 조건에 부합되지도 않았다. 그래서 나는 백팩커backpackers hostel에서 살기로 했다. 저렴한 가격에 숙박이 가능하고, 각국의 여행자들과 만날 수 있다는 점이 매력적이었다. 하지만 얼마못가 한계에 부딪혔다. 흥청망청 떠드는 소리에 도저히 숙면을 취할 수 없었기 때문이었다. 더군다나 하루라도 인터넷을 하지 않으면 못 사는 나인데, 인터넷 사용 30분에 5달러를 요구하는 백팩커에 더 이상 매력을 느끼지 못했기 때문이다.

결국 나는 사무실에서 침낭을 깔고 자기로 결정했다. 필리핀 현지인들의 집을 생각하면, 사무실은 아늑한 곳이라는 생각도 들었다. 더군다나 모두 퇴근한 뒤의 사무실의 적막함이, 매일 술판이 벌어지는 백팩커의 소란스러움보다 낫다는 생각이 들었다.

그렇게 일주일 정도 머물렀을까? 사무실이 집으로 인식될 즈음 백팩커에서 만난, 건축 일을 하는 호주인 친구를 만났다. 술을 한 잔 마시면서 친구는 나의 안부를 물었다. 나는 대수롭지 않게 현재 사무실에서 자고 있다고 말했다. 그러자 호주인 친구는 약간 상기된 얼굴로 '그곳이 어디냐! 사장이 누구냐!' 며 당장 앞장서라고 말하는 것이다. 그리고 지금 자신의 여자 친구한테 전화를 해놓을 테니 그 집으로 당장 옮기라고 했다. 뭔가 심상치 않은 분위기에 농담이라고 말하며 상황을 넘기려했다. 호주인 친구는 정말 농담이냐며 의심의 눈초리를 거두지 않았지만, 내가 계속해서 '어떻게 사람이 사무실에서 잘 수 있겠냐' 며 정색을하자, 그제야 의심의 눈초리를 거뒀다. 그는 '그럼 그렇지. 이 자식! 왜 그런 거짓말을 해!' 하며 술잔을 부딪치며 화제를 돌렸다.

나는 그가 그렇게까지 화를 낸 이유에 대해 궁금했다. 그래서 조심스럽게 물어봤다. 그러자 그 친구는 사무실에서 잠을 잔다는 것은 주거 법에 맞지 않고, 그것을 방치하는 사장은 도덕성에 문제가 있으며 이는 형사 처벌감이라는 것이다. 순간 소름이 끼쳤다. 나는 별스럽게 생각지 않았던 것이 호주에서는 심각한 사회범죄였다.

호주, 그곳에 나를 두고 오다

　나는 그 친구와 헤어지고 사무실로 들어왔다. 사무실에 잔뜩 있는 내 짐을 보고 있을 때, 건물을 지키는 가드가 사무실 좀 확인하겠다며 사무실 구석구석을 살펴봤다. 도둑이 제 발 저리다고, 나는 약간 상기된 목소리로, 여기는 아무런 문제 없다고 이야기했다. 그 가드는 이상한 신고가 들어와서 왔다고 했다. 내가 무슨 이야기냐고 묻자, 그는 사무실에서 잠을 자고 취식을 하는 사람이 있다는 신고를 받았다는 것이다. 참 말도 안 되는 제보라고 무시하려고 했지만, 혹시나 해서 왔다는 것이다. 그러면서 너는 이 늦은 시간에 집에 왜 안 가냐며 의심의 눈초리를 보냈다. 나는 태연스럽게 한국 사람은 원래 일이 많아 야근한다 말했다. 그는 웃으면서 쉬엄쉬엄 일해라, 빨리 집에 가서 가족과 함께 인생을 즐기라며 사무실을 나갔다.

　바로 다음 날, 나는 서둘러 백팩커로 거처를 옮겼다. 그 이후로 그 건물에는, 더 이상 동양인이 무전취식하며 사무실에서 잔다는 소문은 들리지 않았다.

이민을 꿈꾸는 자

─────── 유학원에 근무하는 동안 호주에 사는 많은 이들의 고민을 들었다. 유학원 방문객은 단연코 워홀러가 많지만, 영주권을 따기 위해 준비하는 사람들의 방문도 꽤 있다. 그들은 이민법이 바뀜에 따라 일희일비하는데, 그도 그럴 것이 그들 대부분은 한국의 삶을 포기하고 호주로 온 사람들이기에, 호주영주권을 반드시 따야만 하는 입장이기 때문이다.

지인들 중에도 호주영주권을 따려는 이들이 있었는데, 어느 날 그들과 술자리를 함께 하게 되었다. 나는 아무래도 그들의 속사정을 듣고 싶었다. 의외로 그들은 한국을 그리워하고 있었다, 너무나도. 하지만 그들은 참아야 된다고 말한다. 왜 참는지, 한국에서 살면 안 되었던 건지 묻는 나에게 푸념 섞인 답변이 돌아왔다.

"아직 결혼 안했죠? 아직 자식 안 길러봤죠?"

"……."

"대한민국…좋아요, 돈 있는 사람들에게. 저는 보통사람이에요. 보통사람으로 살려면, 호주가 좋기 때문에 내가 사랑하는 나라, 대한민국을 떠나려 하는 겁니다."

술잔이 점점 오갈수록 자신의 삶이 서러운 건지, 고국에 두고 온 가족들이 그리운 건지 그의 눈시울은 붉어졌다. 보는 나까지 괜히 마음이 짠해져서 한국에 있는 친구와 부모님에게 안부전화를 했다.

잘 사느냐고 묻는 내게 수화기 속 친구들은 농담 반, 진담 반으로 말했다.

"야! 한국 오지 마! 살 수 있다면 호주에서 살 방법 알아봐. 그리고 그 방법 알아내면 나 좀 알려줘."

그들이 이민을 꿈꾸게 만든 건 누구일까? 대한민국 사회가 이민을 권하고 있는 건 아닐까.

제가 지금 행복한 건가요?

———— 6년 전에 갔다 온 첫 호주워킹과 유학원 경력 2년 6
개월의 시간은 내게 많은 인연을 만들어 줬다. 그 중에는 호주에서
자리를 잡고 있는 사람들이 많았는데, 날을 잡아 그들을 만났다. 그
들을 처음 만났을 때는 독립기술이민으로 호주영주권을 준비하고 있
었는데, 지금은 헤어드레서로 혹은 막노동을 하면서 호주에 터를 잡
았다.

"아! 이게 얼마만이에요. 그때 그렇게 힘들어 하시더니 결국은 해
내셨네요. 축하드립니다."

"아! 감사합니다. 그런데 저희 한국으로 다시 돌아가려고 생각하
고 있어요."

"예? 무슨 말씀이세요. 어떻게 영주권을 따신 건데요. 지금 헤어드레서 일이 마음에 안 드세요?"

"사실 회의감이 들어서요. 데이빗 님도 알다시피 저 한국에서 헤어드레서 하지 않았잖아요. 말 그대로 영주권 따기 위해서 이 직업을 구한 거죠."

"그래도 지금 현재 호주영주권을 따고 싶은 사람들이 얼마나 많은데요. 그리고 호주영주권의 가치가 10억이라고 말할 정도로 메리트가 있는데 포기하시는 것은 조금 그렇잖아요. 그동안 무슨 일 있으셨어요?"

"아니요. 그냥 그런 생각이 들어서요. 행복하기 위해서 호주를 왔는데 내가 과연 행복한가에 대해서 생각을 많이 하거든요. 처음 호주 왔을 때는 모든 것이 좋아만 보였는데 막상 살아가야 된다고 생각하니 행복하지가 않은 것 같아서요."

내게는 그들의 고민이라는 것이, 가진 자의 배부른 투정으로밖에 보이지 않았다. 과연 사람답게 살고 싶다는 이유로 호주에 온 사람이 몇이나 될까? 호주영주권을 바라는 이들 중에서 그들의 말에 공감하는 이는 없을 것 같다. 지금 모두가 얼마나 절실히 원하고 있는 것인데……. 개구리가 올챙이 적 생각 못한다 그러지 않을까?

복잡한 심경인 나와 달리, 그들은 오랜만에 벗을 만나 기분이 좋다며 나를 사우스뱅크 쪽 술집으로 안내했다.

호주, 그곳에 나를 두고 오다

“여기가 어디인지 아세요? 호주인들이 정말 좋아하는 곳이에요. 미용학교 다닐 때 호주인 친구가 소개해준 곳인데, 참 좋죠. 브리즈번 시내를 다 볼 수 있고, 맥주 맛도 끝내줍니다.”

“그러게요. 솔직히 이런 곳은 처음 와봤어요. 모두 즐거워 보여요. 근데 동양인들은 별로 없네요?”

“그렇죠. 동양인들 많이 없죠.”

뭔지 모를 그늘이 드리워진 모습에 살짝 의아했지만 대수롭지 않게 넘겼다. 일행 중 몇이 술을 시키러 카운터로 갔다. 그런데 그때 내 눈으로 보고도 믿기 힘든 장면이 연출되었다. 카운터로 가는 길목에 앉은, 많아야 20대 초반밖에 안돼 보이는 백인 남성이 의자를 뒤로 크게 젖힌 것이다. 일행이 지나는 타이밍에 맞춰 일부러 부딪친 것이 느껴졌다. 그리고는,

“I am sorry.”

하며 자기 삼촌 뻘 되는 사람의 머리를 쓰다듬으며 웃었다. 그 주변 백인 친구들은 그 상황이 우스운지 식탁 테이블에 고개를 박아가며 킥킥대고 있었다. 얼굴이 붉어진 채 주문을 하고 돌아온 그에게 우리들은 소리 없는 타협으로 그 상황에 침묵했다.

집으로 돌아오는 길, 배부른 투정이라 치부했던, 현재를 살아가는 그들의 가장 큰 고민이 떠올랐다.

“제가 지금 행복한 건가요?”

피할 수 없으면 즐겨라

윤운덕

나는 필리핀 어학연수 3개월 동안 배운 영어회화로, 호주에서 만날 여러 외국인들과 함께 재미있는 시간을 보내길 기대하며 브리즈번에 도착했다. 그러나 나의 생각은 한낱 꿈에 불과했다. 나는 한국에서 비행기를 탈 때부터 목표는 하나였다. 호주워킹홀리데이를 선택한 이유는 오로지 영어공부였다. 하지만 호주에서의 시작은 호락호락하지 않았다. 내가 필리핀에서 배웠던 영어는 호주영어와 큰 차이가 있었고, 필리핀에서 받았던 대우와는 다른, 뭔가 아래로 내려다보는 시선을 느꼈다.

필리핀의 저렴한 물가에 길들여졌기 때문일까? 처음 예상했던 비용의 2배가 넘는 돈을 지출했고, 시급하게 일을 구해야만 했다. 그래서 처음 의도와는 달리 급한 대로 한국 사람 밑에서 한국 사람들과 새벽청소를 시작했다. 모두가 잠든 시간에 일어나 일을 했고, 모두가 일어나 아침 토스트를 먹을 때 피곤한 몸을 이끌며 포식한 후 난 잠에 들었다. 이런 생활을 약 두 달간 하니 부족했던 돈이 채워져 일을 관두기로 결심했다.

한국도 마찬가지이겠지만, 호주에서는 일을 관둘 때는 다음 사람을 구할 수 있는 시간 2주 정도 미리 알려주는 것이 예의다. 나는 2주 전에 관두겠다는 통보를 했고, 나를 고용했던 분은 나를 잘 본 탓에 1.5배의 돈을 주겠다며 나를 붙잡았다. 갈등되는 순간이었다. 힘들지만 조금만 견디면 한국에서 학생으로 절대 벌 수 없는 돈을 만질 수 있었다. 가족들에게 생활비를 보낼 수 있고, 사촌동생들에게는 용돈도 줄 수 있고, 워홀 막판에 유럽여행도 할 수 있을 정도의 돈을 벌 수 있었다. 하지만 나는 고사했다. 비록 돈이 필요했지만 나의 목적은 영어공부였기 때문이다.

그 후 나는 일의 노예가 되기보다는 외국인들과 자연스럽게 영어와 문화체험을 할 수 있는 일을 했다. 그곳은 호주인이 운영하는 카페였고 나는 백팩커에서 생활했다. 한 방에 2층 침대로 6명이 같이 사용하는 공간이다. 보통 한국사람들이 생각하는 주거공간이 아니기에 한국인보다는 유럽인들이 많았다. 처음에 영어가 유창하지 않았던 나는 그 생활에 적응이 쉽지 않았다.

어느 날 안면이 있는 외국인 친구들이 클럽에 가자고 제안했다. 나는 외국인과 더 친해지기 위해 흔쾌히 승낙했고 클럽으로 향했다. 하지만 외국 클럽 분위기에 적응하지 못한 나는 어리둥절하기만 했고 지나가는 서양인들은 어깨를 치거나 내 다리를 걸어차면서도 내가 안 그랬다는 등의 인종차별을 했다. 심지어 어떤 유럽인은 내게 침을 뱉고는 'oh sorry' 하며 웃어댔다. 한국에서는 절대로 몰랐을 인종차별을 호주에서 느낀 순간이었다. 너무 억울하고 서글펐다. 이런 생활을 하려고 호주에 온 게 아닌데…… 그날 따라 부모님이 많이 생각났다. 하지만 오기가 생겼다. 생각해보면 어떤 곳에서든 좋을 수만은 없고, 또 나쁠 수만도 없다. 비록 나에게 인종차별을 한 백인이 있었지만, 그 옆에서 나를 위로하며 친구로 받아준 소중한 백인 친구들도 있었다. 그렇게 나는 그 상황을 즐기기로 마음먹었고 어느 새 그 카페와 백팩커에서 가장 오래 일하고, 오래 묵은 워홀러가 되었다.

새로 오는 여행객들은 지리를 잘 알고 있는 나에게 먼저 친구로서 다가왔고, 우린 서슴없이 자리를 함께하며 시간을 보냈다. 아침에 "how are you?"부터 시작해서 "good night"으로 잠들 때까지 종일 영어를 쓴 나는 학원을 다니지 않았지만 자연스럽게 영어회화를 익힐 수 있었다. 내가 꿈꾸던 그런 호주워킹 생활을 시작하게 된 것이다.

초기엔 아름다운 하늘을 바라볼 여유가 없었다. 마치 군 생활에 적응 못한 이등병이 시간만 빨리 지나가길 바라듯 내 호주생활도 하루빨리 지나가기만을 바랐다. 하지만 군 생활에 적응되듯 어느새 내 워킹생활도 적응이 되며 이젠 더없는 추억으로 자리매김되었다. 힘든 시기를 거치지 않았다면 나중에 내게 다가왔던 행복도 몰랐을 것이다.

어제의 적이 오늘의 동지로

"당신! 당신이 어떻게? 여기에!" "Excuse me? do I know you?" 어찌 그를 잊을 수 있겠는가? 2006년 카불처 딸기농장에서 한국인의 세금을 등쳐먹었던 베트남 컨트랙터 크리스였다. 귀국 후에도 그에 대한 소식은 알음알음 전해들을 수 있었다. 그는 한 달에 몇 만 달러씩 번다는 소문이 있다. 지금도 당시의 분함이 생생하지만 만날 일이 없을 줄 알았던 그를, 브리즈번 시내를 거닐다 우연히 만난 것이다. 만나면 멱살잡이라도 할 생각이었다. 너 때문에 내 호주워킹이 망했다 악다구니를 칠 생각이었다. 아마 직후였다면 그랬을 지도 모른다. 그런데 막상 눈앞에 서있는 크리스를 보고 있자니, 오죽했으면 그랬겠냐는 마음도 들면서 화가 나지 않았다. 나는

예전에 네 밑에서 일을 했던 일꾼이다. 그 당시의 추억을 통해서 책을 쓸 수 있게 되어서 고맙다고 했다. 마침 가지고 있던, 카불처에서 찍었던 사진을 보여주며 기억하냐고 물어봤다.

그는 크게 기뻐하며 술 한 잔 하자며 근처 가게로 향했다. 그는 앞으로 무슨 일을 할 예정인지 물으며, 원한다면 나에게 슈퍼바이저 일을 시켜주겠다는 제안을 했다. 내 머릿속에서 빠르게 주판알이 튕겨졌다. 슈퍼바이저라면 일단 임금적인 측면에서는 보통 주당 천 불 이상 받는 것은 일도 아니었다.

게다가 그가 제안한 내용은 더욱 파격적이었다. 한 사람의 일꾼마다 5프로를 주겠다는 것이다. 즉 한 사람이 하루에 100달러를 벌면 내가 만약 일을 하지 않더라도 5달러를 벌 수 있는 것이다. 100명의 일꾼을 내가 관리하게 되고, 그들이 하루에 100달러를 번다면 그 금액은 하루 500달러가 되는 것이다. 달콤한 유혹이 아닐 수 없었다. 일당의 5프로를 떼이는 일꾼들의 애환은 내 안중에 없었다.

그의 유혹은 계속되었다. 카불처 딸기농장 시즌이 다가오니 일꾼은 알아서 올 것이다. 집을 렌트해도 최소 몇 백 불은 이익이다……. 조금 더 생각해보겠다고 하고, 그와 연락처를 주고받고 헤어졌다.

개 같이 벌어 정승같이 쓰자며 내 안에 악마가 속삭였다. 부끄러운 한국인이 되지 말자는 천사의 목소리는 점점 들리지 않았다. 6년 전 나에게 사기 쳤던 크리스는, 어느새 내 동업자가 되었다.

카불처 슈퍼바이저 삶을 살다

정직한 슈퍼바이저가 되는 거야. 슈퍼바이저도 엄연한 직업이야. 그것을 무조건 나쁘다고 치부해서는 안 되는 거지."

나는 슈퍼바이저가 되기로 결심했다. 시티생활을 정리하고 슈퍼바이저의 삶을 위해 카불처로 향했다. 카불처는 2006년에 7개월 동안 살았던, 내 과거의 삶이 녹아 있는 곳이다. 베트남 컨트랙터 크리스가 마중 나와 있었다. 차가 없던 일꾼 시절, 하루 픽업비용 5불을 지불해야 했던 그 벤을 타고 말이다. 차장 밖으로 카불처의 풍경이 보였다. 변화가 더딘 호주인지라 카불처 곳곳에서 과거의 모습을 쉽게 떠올릴 수 있었다.

농장에 도착했고, 그는 우선 짐을 풀라며 숙소에 내려주었다. 앞으로의 일정은 나중에 이야기해 주겠다고 했다. 내가 머물 숙소는 5개의 방이 있는 전원주택이었다. 그곳에서는 10명의 중국인 일꾼들이 일을 하고 있었다. 한 방에 2명, 많게는 3명씩 묵고 있었다. 그들은 또 일꾼 왔냐는 식으로 내 등장을 달가워하지 않았다. 나는 방이 없어 거실 쉐어를 하게 되었다. 거실 소파 뒤편 내 캐리어가 벽이 되어 내 방이 완성되었다.

이상하리만치 한국인 일꾼들은 없었다. 한국인 일꾼들은 한국인 슈퍼바이저한테 간다는 것은 나중에 안 사실이다. 크리스는 나를 통해 농장에서 큰 힘을 발휘하는 한국인 일꾼을 영입하려 했던 것이다.

일단 어느 정도 상황이 파악되자, 일꾼을 구해보자는 생각이 들었다. 중국인 일꾼들에게 하루에 어느 정도 돈을 벌고 있는지, 일주일에 주급은 어느 정도 되는지, 방값은 어느 정도 되는지에 대해서 물었다. 그들의 이야기를 듣는 순간 암울했다. 그들이 방값으로 내는 금액은 주당 80불이었다. 그런데 하루에 버는 돈은 손이 익숙하지 않아서 하루 80불도 힘들다는 것이다. 거기에 하루 픽업비용, 방값, 밥값, 이것저것 제하고 나면 주당 300불이 채 되지 않는단다.

아! 이런 농장에서 내가 과연 슈퍼바이저 일을 잘할 수 있을까? 한국인이 운영하는 사이트로 들어갔다. '내일부터 당장 일할 수 있음', '세컨 비자 가능', '하루 100불 임금 보장' 등의 광고성 글이 난무했다.

솔직히 그것보다 더 잘 쓸 수 있었다. 더 과장된 광고로 인원을 모집할 수 있었다. 하지만 양심이 허락하지 않았다. 괜찮아! 다 그렇게 해야 돈 버는 거야! 악마는 속삭였고, 아니야! 너의 초심을 생각하고 네가 그렇게 싫어하던 부끄러운 한국인이 되지 마! 천사가 속삭였다. 내 안 천사와 악마의 대립 속에서 카불처 슈퍼바이저의 첫 날은 지나갔다.

호주, 그곳에 나를 두고 오다

1년 1억 버는, 카불처의 집 렌트 왕

시티생활을 할 때는 몰랐던 농장정보가 들리기 시작한다. 환경이 바뀌니 화젯거리도 바뀌는 것이 당연지사. 카불처 농장에 도착하자마자 내가 들었던 이야기는, 연봉 1억의 집 렌트 부자에 대한 것으로 그는 카불처에서 꽤나 유명했다. 그는 차를 타고 부지런히 여러 농장을 다니면서 인맥을 넓혔다. 동시에 한국음식을 갖다 주며 인심을 쌓았고, 농장주와 컨트랙터와 친해졌다. 그리고 그들과 일꾼을 보내주겠다며 모종의 거래를 맺는다. 그 후 광고를 내걸고 본격적으로 일꾼을 구한다. 그런데 그의 주 수입원은 일꾼 소개비가 아니다.

카불처는 방 3개와 큰 거실 딸린 것을 300불 정도에 구할 수 있다.

그는 그런 집들을 몇 개 계약한다. 그리고 한 방에 두세 명 집어넣고 주당 120불 이상을 요구한다. 그렇게 하면 집 하나당 주당 약 500불 이상을 세이브 할 수 있다는 계산이 나온다.

사람들이 '방값이 비싸다. 일은 확실히 할 수 있느냐?' 라는 이야기를 하면 그는 말한다.

"내일 당장 일 가능합니다. 그리고 2주치 방값을 본드비로 내셔야 됩니다. 그래야 방 예약을 할 수 있거든요. 지금 너무 많은 사람들이 방이 없어서 난리거든요."

정중하고 당당한 말에 사람들은 2주치 방값을 낸다. 그리고 말 그대로 일을 할 수 있게 된다. 그런데 문제는 한 주에 이삼일 밖에는 일을 못한다. 피크 때가 아닌 이상 일주일 내내 일을 할 수는 없는 것이다. 항의하는 그들에게 그는 당당히 말한다.

"피크 시즌이 계속 있을 수 없죠. 그리고 일 더 이상 못 하실 것 같으면 다른 곳으로 가세요. 이곳에 들어오려는 다른 사람들은 많거든요."

"뭐라고요? 그런 말이 어디 있어요? 들어올 때는 그렇게 돈 많이 벌 수 있다고 하더니. 그렇게 무책임하게 이야기하는 게 어디 있어요?"

"제가 거짓말은 하지 않았잖아요? 그 때 광고 다시 보세요."

'내일부터 당장 일할 수 있음, 세컨 비자 가능, 하루 100불 임금 보

호주, 그곳에 나를 두고 오다

장' 그는 거짓말은 하지 않았다. 그들은 본인해석대로 좋은 것만 취했던 것이다. 그들은 할 말이 없다.

"알았어요. 다른 곳 알아볼 테니 그럼 2주 치 본드비 줘요."

"그건 안 되죠. 본드비는 2주 전에 미리 저한테 나간다고 이야기해야 되는 것이 예의죠. 그래야 제가 방이 필요한 사람들에게 양도할 수 있죠."

그렇게 그는 카불처의 전설이 되었다. 그런데 그는 알고 있을까? 그의 1억이 만들어진 사이 수없이 많은 워홀러들이 눈물을 흘렸다는 것을……

양심에 눈뜨다!

내가 기거하고 있는 집 맞은편에도 7명 정도의 중국인 일꾼들이 기거하는 집이 있었다. 슈퍼바이저 일을 하기로 마음먹은 이상 시장조사를 위해 그들에게 접근해 볼 필요가 있었다. 검트리를 통해 구한 그들 집은 가정집으로, 집주인은 뉴질랜드 출신이었다. 사람 좋은 집주인은 음식과 집 시설을 공유하며 그들과 가족같이 지내고 있었다. 렌트 가격도 주당 70불에 불과했다.

하지만 그들이 일하는 곳의 상황은 좋지 않았다. 일주일에 두 번도 일을 나가기 힘든 상황이었다. 나는 그 순간 이들을 내가 다니는 농장에 편입시키려 했다. 같은 한국인에게 잘못된 정보로 수익을 챙기기보다는 중국인들에게 더 나은 상황을 소개시켜 줘서 수익을 챙기

는 것이 낫겠다는 나만의 판단이었다. 그렇게 나는 그들과 정보교류를 하고, 한국음식을 해주면서 친해졌다. 그리고 우리 농장에서 일하고 있는 중국인 친구들을 소개시켜 줬다. 더욱 더 믿음을 심어주기 위한 치밀한 나의 계산이었다.

그런 나의 계산 속에 만난 그들은, 시티에서 만났던 중국인들과 마찬가지로, 금방 오래된 친구를 만난 듯 이야기꽃을 피우기 시작했다. 그리고 그들은 그들끼리의 정보를 공유했다. 옆집 친구들은 베트남 컨트랙터 크리스에 대한 이야기를 우리 집에 살고 있는 일꾼들에게 설명했다. 중국인들에게 이미 컨트랙터 크리스는 악덕 사기꾼으로 유명했다. 우리 집에 근무한 사람들은 놀라워했다. 그 정도로 질이 안 좋은 사람인지 몰랐다는 것이다. 그렇게 서로 정보를 공유하면서 밤늦게까지 대화는 이어졌다.

끝날 것 같지 않던 대화는, 내일 일찍 일을 시작해야 한다는 이유로 아쉽게 마무리됐다. 그동안 약간의 거리감을 보였던 중국인 친구들이 나에게 고마움을 표시했다.

"좋은 친구를 소개시켜 줘서 고마워! 사실 네가 베트남 컨트랙터와 한 패인줄 알고 약간 거리감을 뒀었어. 그런데 그건 우리의 오해였어. 너는 참 좋은 녀석이야."

순간 부끄러움에 얼굴이 붉어졌다. 양심상 한국인을 이용해 돈을 벌기보다 중국인을 이용해 돈을 벌려 했던 나의 속내가 들통난 듯 싶어서다.

양심을 지키고 한국을 알리며 살겠다고 민간 외교관이라 명함까지 팠던 나. 작은 태극기를 배낭에 꽂고 대한민국 사람이라는 것을 자랑스러워했던 나. 하지만 어느 순간 내 자신을 위해 남을 이용하는 파렴치한이 되어버린 나.

그날 밤 나는 양심에 눈뜨게 되었고, 슈퍼바이저 일을 그만두기로 결심했다.

호주, 그곳에 나를 두고 오다

감사합니다. 살아계셔서!

마음이 홀가분했다. 감언이설로 돈을 번다는 것에 양심의 가책을 느꼈는데, 당장은 실업자가 되었어도 기분이 좋았다. 이후에도 슈퍼바이저를 하다 연을 맺은 중국인들과 계산적인 만남이 아닌 친구로서 관계를 맺었다.

'일주일 휴가를 받은 거야! 그래! 과거 내 추억의 장소 카불처로 여행 온 거야.'

내 스스로를 위안했다. 그런데 시간이 지나면 지날수록 마음이 개운치 않았다. 돈을 못 번 것에 대한 불편함보다는 뭔가 중요한 것을 빠뜨렸다는 느낌이 자꾸 들었다. 그리고 얼마 되지 않아 그 이유를 깨달았다. 6년 전 동고동락하며 카불처 생활을 같이 했던 동생 찬혁

6년전 베리 아저씨와 찬혁이 그리고 나

이의 전화 덕분이었다.

"히야! 베리, 줄리앙 아재 봤제? 아직도 안 보면 어째! 나 같으면 단번에 찾아갔겠구만?"

베리 아저씨와 줄리앙 아저씨는 6년 전 7개월 동안 동고동락하며 살았던 분들이다. 내가 '호주인 아버지' 라 불렀던 그들! 그들을 못 만난 것이다. 헤어질 때 언젠가 돌아오겠다며 격정의 포옹을 했었던 나였는데. 그 약속을 지키지 못한 찜찜함이었나보다.

나에게는 달랑 과거 주소만 있었다. 적어둔 전화번호는 없어져 버렸다. 사실 안다고 해도 연락할 용기도 없었다. 이제 와서 무슨 염치

호주, 그곳에 나를 두고 오다

가 있어서 연락을 한단 말인가? 더군다나 베리 아저씨 같은 경우는 심장병이 있어서 그 때 당시도 몸이 안 좋으셨는데, 혹시라도 잘못되었다면……. 하지만 '언제 다시 카불처로 올 수 있겠어!' 라는 생각이 찾아갈 용기를 만들었다. 그리고 지금 찾아뵙지 않으면 평생 후회할 것 같다는 생각에 6년 전 주소로 무작정 찾아갔다.

그곳은 다행히도 기억하고 있던, 추억 속 모습과 비슷했다. 초인종을 눌렀다. 몇 번의 초인종이 울렸을까? 잊을 수 없는, 절대 내 인생에서 잊을 수 없는 목소리가 안에서 새어 나왔다. 중저음에 깔끔한 영국식 신사 발음. 그 목소리의 주인공은 베리 아저씨였다.

문이 열리고, 우리는 말없이 서로 응시했다. 그리고 누가 먼저랄 것도 없이, 말없이 서로를 껴안았다. 나는 다소 떨리는 목소리로, 붉어진 눈시울을 한 채 말을 건넸다.

"미안합니다. 너무 늦게 왔습니다. 그리고 감사합니다, 살아계셔서."

6년 전의 나는 기다렸다.
내가 오기만을……

그 당시 심장이 안 좋았던 베리 아저씨는 다행히도 요양치료를 받으면서 많이 나아졌다고 했다. 너무 늦지 않아 다행이었다. 나는 그에게 당신의 한국인 아들이 쓴 책이라며, 당신이 나온 사진이 실린 책을 보여줬다. 그는 너는 성공할 줄 알았다며, 너는 특별한 사람이었다고, 네가 자랑스럽다고 말하며 어깨를 두드려 주었다. 그리고 그는 보여줄 것이 있다며 나를 거실로 안내했다.

순간 전기에 감전된 듯 전율이 일었다. 그곳에는 내가 있었다. 6년 전 베리 아저씨의 생일을 맞이해 찬혁이, 나, 줄리앙 아저씨, 베리 아저씨가 함께 찍은 사진이었다. 베리 아저씨는 네가 그리웠다고 말했다. 또, 언젠가 내가 다시 돌아올 것이라고 믿었다고 말했다.

"I am sorry about it. I am late."

연신 미안하다고 했다. 70평생 동양인이라고는 나와 찬혁이 밖에는 몰랐던 베리 아저씨에게 나는 한국인 아들이었던 것이다.

그런데 문득 사진을 보니 줄리앙 아저씨의 소식이 궁금했다. 이미 떠났겠지만 혹시나 하는 마음에 이곳에 머무는지 물어봤다. 그런데 줄리앙 아저씨가 조금 있으면 퇴근하고 온다고 말하는 것이 아닌가? 나는 가슴이 뛰었다. 6년 전 내가 했던 약속을 지킬 수 있다니! 꼭 호주에 다시 와서 한국음식을 다시 해주겠다고 약속했었다. 나는 아저씨들이 그 당시 가장 좋아했던 한국 음식인 소고기 불고기를 줄리앙 몫까지 만들기 시작했다.

1시간 정도 시간이 흘렀을까? 현관문이 열리고 줄리앙이 들어왔다. 우리는 눈이 마주쳤다. 6년이나 지났지만 그는 어제 만난 것처럼 편하게 인사하며 나를 껴안았다. 그리고 나는 준비한 소고기 불고기를 접시에 담아 주었다.

"Yes. It's real korean food, we can't make it."

그들은 내가 떠나고 한국 음식을 직접 만들어 먹었다고 한다. 하지만 그 당시 내가 해줬던 맛이 안 났다고 한다. 그런데 오늘 먹어보니 그 때 그 맛이 기억난다고 말했다. 예전하고 다르게 우리는 오가는 말이 길어졌다. 줄리앙은 놀라워했다. 줄리앙은 나를 과묵한 사람으로 기억하고 있었기 때문이다. 나는 그 때 묵언수행 기간이라 말을

호주, 그곳에 나를 두고 오다

많이 할 수 없었다며 농담했다.

그랬다. 그 당시 나는 서너 마디 대화를 하고 끝났던 것이 사실이다. 마음은 길게 대화를 이어가고 싶었지만 입은 생각처럼 움직여 주지 못했다. 하지만 이젠 달랐다. 내 안에 있는 이야기, 내가 하고 싶은 이야기를 할 수 있었다. 긴 시간 동안, 속 깊은 이야기를 할 수 있어 좋았다. 식사를 마치고 우리는 이 날을 기념해 사진을 찍었다. 6년 전 우리들 사진이 담긴 액자 옆에 비치될 사진을 찍은 것이다.

집으로 떠날 채비를 하는 나에게, 줄리앙은 택시비를 쥐어줬다. 택시를 타고 뒤를 돌아봤다. 내가 탄 택시가 시야에서 사라질 때까지 손들어 배웅했다. 6년 전 그날도 한참을 서 계셨는데……. 이곳에 찾아오길 잘했다. 6년 전의 나를 만날 수 있어 정말 좋았다.

호주에서 집 렌트하기

호주에서 가장 곤란을 겪는 것으로 숙박 문제가 있다. 한 곳에 머물기 힘든 워홀러들의 처지를 이용해 돈을 버는 악독한 사람들도 많이 생겼다. 최소한 본인이 사는 집의 가치를 알고 있는 것이 방값 흥정하는 데 도움이 된다.

호주에서 집 렌트하는 곳으로 유용한 사이트로는 리얼에스테이트(http://www. realestate.com.au/)와 도메인(http://www.domain. com.au/)이 있다. 이 사이트들은 호주 전역에 걸쳐 집 가격이 자세히 나와 있다.
여러 명이 그룹을 지어 이동하는 경우엔 단기 집 렌트를 하는 것도 추천한다. 보통의 경우는 최소 6개월 단위지만 간혹 지역 내 부동산에 가보면 3개월 집 렌트를 하는 곳도 더러 있다.
호주 부동산에서 집 렌트를 위해 필요한 서류는 각각의 부동산에 따라 다르지만 대부분 요구하는 정도는 다음과 같다.

❶ 어플리케이션 폼(Residental Tenancy Application Form)
❷ 여권사본
❸ 잔고증명(보통 AUS $ 3000불 이상 증명하는 것이 좋다)
❹ 페이슬립

❺ 운전면허증 및 여러 가지 신분증
❻ 수도세, 전기세를 지불한 영수증
❼ 메디케어 카드(학생비자 소지자)

이 정도의 항목을 점수로 100점을 충족할 시 집 렌트 계약이 가능하다. 보통 집 계약하기 전 인스펙션(집 점검)하는 시간이 있으며 구석구석 꼼꼼히 체크하는 것이 좋다. 간혹 집에 체크하지 못한 치명적 결함이 있을 경우 손해배상 청구를 받을 수 있으니 조심해야 된다.
또한 집 렌트 계약만료일은 계약서상의 만료일이 되었더라도 직접 부동산에 통보를 해줘야 된다. 그렇지 않은 경우 집 렌트 기간은 집 렌트 비용이 오르지 않는 이상 자동 연장된다. 집 렌트계약 기간이 끝나면 부동산 업자가 집 구석구석을 체크한다. 집 계약이 끝나기 전 스팀 청소 등, 구석구석 청소를 해야 본드비(보증금)를 전액 돌려받을 수 있다.

PART

4

달라진 지금의 나

다단계 기업이야! 확실해!

선택의 폭은 확실히 넓어졌다. 6년 전의 나는 영어로 된 구인광고를 두려워했고, 쳐다보지도 않았다. 있는 곳은 호주임에도 한국어로 된 구인광고를 찾아다녔던 거다. 그러나 이제는 달라졌다. 영어로 된 구인광고를 훑어보고 있었다. 할 수 있다는 자신감과 의욕이 충만했다. 구인광고를 훑어보던 중 한 회사가 흥미로웠다. 'CHOICE FORCE' 라는 회사로, 즐기면서 영업하고, 영업한 만큼 대우를 준다는 문구가 내가 꿈꿔왔던 워킹홀리데이에 부합되어 이력서를 넣었다. 그리고 일주일이 되지 않아 연락이 왔다. 면접이었다. 연간 45,000달러와 우수팀은 인센티브로 몰디브 단체여행까지 보내준다는 'CHOICE FORCE' 의 광고문구들이 다시 기억났다. 면접 전화를 받은 나는 이미 해외취업에 성공한, 'CHOICE FORCE'의 신입사원이 된 기분이었다.

회사가 위치한 곳은 브리즈번 시티에서 약간 벗어난 3존이었다. 도착한 그곳은 왠지 분위기가 이상했다. 우선 창고 형태의 사무실은 내가 예상한 정상적인 기업의 모습이 아니었고, 한 편에는 히피족이 연상되는, 얼굴에 피어싱을 한 20대 젊은이들이 쭉 둘러앉아 회의를 하고 있었다. 면접 장소인 2층으로 올라가니 그곳에는 다른 면접자들이 대기하고 있었다. 대기자 중에 동양인은 나뿐이었다. 나는 면접 보러 왔음을 밝히고, 차례를 기다렸다.

30분 정도 시간이 흘렀을까? 내 차례가 되었다. 잠시 숨을 고르고 있는데, 사감 선생님처럼 날카로운 눈빛을 가진 30대 여성이 들어왔다. 그녀는 조금 놀라는 듯 했다. '이곳에 동양인이 어떻게 왔을까?' 하는 얼굴 표정이었다. 그녀는 금세 표정관리를 했고, 1:1 면접이 시작되었다. 그녀와의 대화에서 '비영어권 국가에서 온' 상대에 대한 배려는 찾아볼 수 없었다. 기존에 만나왔던 호주인의 말 빠르기가 아니었다. 나는 아무 말도 할 수 없었다. 긴장 탓도 있겠지만 정확히 무슨 말을

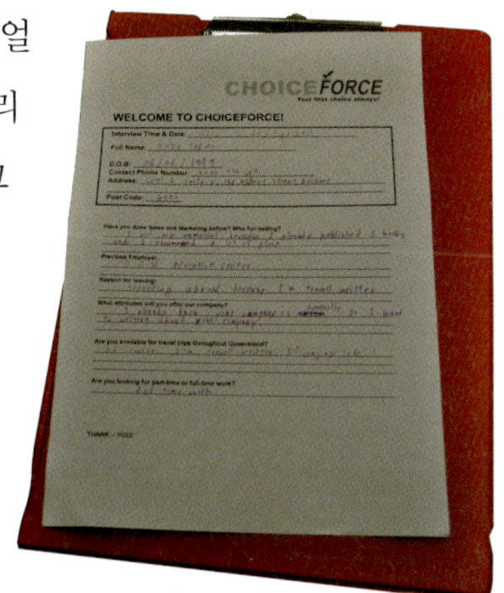

CHOICE FORCE의 이력서

했는지도, 해야 될지도 몰랐다. 그녀도 느꼈는지, '이 동양인 친구는 왜 왔을까?' 하는 얼굴로 쳐다봤다.

어색한 1:1 인터뷰가 끝나고 그룹 면접이 시작되었다. 나까지 포함 4명이 함께 면접을 보게 되었다. 면접관은 무전기 같은 것을 꺼내며 당신이 판매자라면 이 제품을 어떻게 홍보해야 될 것인지에 대해서 한 명 한 명에게 물어봤다. 나는 태어나서 처음 겪는, 극도의 긴장 상태에 있었다. 나를 제외한 세 명은 자신만의 논리로 물건을 어떤 식으로 팔 것인지 영업 전략을 이야기했다.

마지막으로 내 차례가 되었다. 나는 말을 할 수가 없었다. 세 명의 지원자와 면접관은 '너는 왜 이곳에 왔지?' 하는 얼굴로, 외계인 보듯, 한심한 눈초리로 나를 쳐다봤다. 나는 긴장되어서 말을 못하겠다고 답한 후 그 시간이 얼른 지나가기만을 바랐다. 드디어 끝나지 않을 것 같은 면접시간이 끝나고 나는 황급히 그곳을 빠져나왔다. 얼마 지나지 않아 나와 함께 면접을 봤던 지원자가 취업되었다며 좋아하는 모습이 보였다.

'여기는 다단계 기업이야. 이곳에 취업했다면 나는 다단계로 끌려갔을 거야.'

스스로를 위로하며 나는 그 회사를 내 멋대로 다단계라 단정 지었다. 그렇게 한다고 당황하며 면접에 응하던 내 모습이 지워질 것도 아닌데……

호주, 그곳에 나를 두고 오다

호주취업 현실적으로 가능한 일일까?

호주워킹을 준비하는 사람이 가장 솔깃한 이야기는 호주취업이다. 하지만 현실적으로 호주취업은 불가능하다. 호주워킹 비자법을 조금이라도 아는 사람은 그 이유를 알 것이다. 한 고용주 밑에서 6개월 이상 일을 못하는 것이 호주워킹 비자법이다. 어떤 고용주가 영어도 못하는 외국인에게, 그것도 6개월 이상 일을 못하는 사람에게 일을 줄 것인가? 호주취업은 말이 안 된다. 6개월 동안 알바를 할 수 있다가 정답이다. 나 역시 그런 상식을 알고 있음에도, '나는 다르다' 라는 생각으로 무모한 도전을 했던 것이다.

많은 유학원, 많은 어학원에서 들고 나온 패키지 상품들이 있다. 예를 들어 '몇 개월 학교 등록하면 호주취업', '5성급 호텔에서 근무

할 수 있는 조건들' 등등. 가능할까? 의문을 품으면서도 내심 꿈을
꾼다. 현실을 비유하자면, 근무지는 삼성이고 일하는 곳은 삼성 건물
화장실이랄까?

한국에서 청년실업률이 문제이듯 호주에서도 청년실업률이 사회
문제이다. 호주인도 힘든 호주취업, 그 현실은 외면한 채 달콤한 제
안을 하는 양심 없는 업체들과 그 이야기에 헛된 꿈을 꾸는 사람들.

호주, 그곳에 나를 두고 오다

자신의 적성을 찾아라!

호주에서 워홀러들이 가장 많이 하는 일은 농장, 공장 그리고 청소다. 현실적으로 시티에서 오지잡(호주인 오너가 운영하는 일자리)을 원하지만 실제 그 일을 하는 사람은 극히 드물다. 더군다나 많은 돈을 벌고자 한다면 시티를 벗어나야 된다. 시간당 임금은 시티잡이 쎈 편이지만 오랜 시간 일을 못해서 주당 700불 이상 벌 생각을 하려면 최소 3JOB을 찾아야 가능하다. 나 같은 경우는 주당 700불 이상을 원했기 때문에 시티를 벗어나서 일을 하는 것이 정석이다.

내 사정에 대입해보며 이리저리 계산을 해봤다.

❶ **농장** : 농장은 손이 빨라야 되고, 대박농장을 찾기 위해서는 자동

차가 있어야 된다. 운전을 못하는 나에게 농장은 일단 패스.

❷ **공장** : 공장은 일은 힘들지만 시간당 임금이 굉장히 높다. 공장 셧다운 기간이 아닌 이상은 꾸준히 많은 돈을 벌 수 있는 장점이 있다. 비위가 약한 나는 힘들 것이므로 패스.

❸ **청소** : 울워쓰 청소와 슈퍼바이저가 있다. 울워쓰 청소는 한 매장을 맡아서 하는 일인데 요즘에는 임금이 많이 올라 시티에서 많이 벗어난 지역은 주당 800불 이상 벌 수 있다. 슈퍼바이저는 구역을 돌며 관리하는 일인데, 주당 1000불로 관리하는 청소구역에 따라 인센티브를 받는다. 하지만 이것 역시 운전을 못하므로 패스.

결론적으로 나에게는 울워쓰 청소가 가장 적성에 맞았다. 울워쓰 청소는 본인이 빠르게 청소를 하면 개인 시간이 생긴다는 장점이 있다. 또 근무지가 대부분 한국인이 없는 외지에 위치해 있어 영어를 쓸 기회가 많다는 것도 내게는 장점이었다. 하루도 못 쉰다는 단점이 있지만 그다지 많은 시간을 할애하지 않아도 되므로 그리 나쁜 조건은 아니었다. 더군다나 청소 경력이 있었던 나는, 트레이닝 기간(일주일)이 필요치 않았는데 이 또한 내게는 이점이었다. 여러모로 내게는 안성맞춤의 일이었다. 유학원 알바, 카불처 슈퍼바이저는 정식 일이라 할 수 없으니, 이번 호주워킹의 정식 일은 이제 시작인 거다.

호주, 그곳에 나를 두고 오다

악으로! 깡으로! 참을 낀으로
호주워킹 도전하라

이상윤

2011년 8월 호주를 오기 전 알게 된 형의 추천으로 나는 Tamworth라는 지역으로 이동하게 됩니다. 그 곳에서 이미 3개월 가량 일하고 있던 형의 도움을 받아 Peel Velly Exporters라는 양고기 공장에 이력서를 넣었고, 운 좋게 일주일 만에 일울 시작하게 되었습니다.

Tamworth라는 지역은 시드니에서는 차로 5시간, 브리즈번에서는 차로 9시간 정도의 거리에 위치하고 있는 도시입니다. 도시 규모는 세계최저 인구밀도 국가가 호주라는 것을 알 수 있게끔 큰 도시이지만 유동인구는 정말 없는 도시입니다. 이곳은 제가 다니는 Peel Velly Exporters를 제외하고도 수 십 개의 양계장과 닭고기 공장, 소고기 공장어 있습니다.

대부분의 공장들은 대만, 중국, 한국 에이전시를 통해 들어가야 되고 때에 따라서는 사람을 안 뽑거나 몇 달 동안이나 대기를 하게 할 수도 있으니 주의를 해야 합니다. 그와 달리 제가 다닌 Peel Velly Exporters 농장은 호주 현지 에이전시를 통해서 들어갈 수 있습니다. 일단 이 공장에 대해 설명을 하자면 양을 도살하고 가공, 포장하여 수출 또는 현지 마트(울워쓰, 콜스 등)로 납품을 하는 공장입니다. 이 공장에는 세 개의 큰 파트들이 있는데, 첫 번째는 제가 일했던 Slaughet Floor(도살파트), 두 번째로는 수출용 고기를 가공 및 포장하는 Boning Room, 마지막으로 내수용 고기를 가공 및 포장하는 Woolworth Boning Room입니다. 기본 시급은 약 21불(tax 포함) 정도인데 어떤' 파트에서 어떤 포지션을 맡느냐에 따라 시급이 올라가기도 합니다. 저의 경우에는 호주인들도 힘겨워하는 포지션인 양가죽 벗기기 파트였기 때문에 시급이 28불 정도였습니다.

입에 단내가 날 정도로 일이 힘들었지만 돈에 대한 목표가 있었기 때문에 하루하루 버텼습니다. 군 제대일을 기다리며 열심히 군 생활을 하듯 저는 그렇게 호주공장 생활을 최대한 즐기면서 살았습니다. 그리고 결국 어리바리한 군생활을 하던 이등병이 어엿한 상병이 되어 인정받듯 저의 노력하는 모습을 보고 동양인이라 무시하던 호주인들도 차츰 친구가 되어 저에게 다가왔습니다.

호주워킹의 최대 목적을 돈 버는 것으로 잡은 사람이 많이 있습니다. 그들에게 제가 조언해주고 싶은 말은, "잠시 군 생활로 돌아갔다 생각하고 참을 忍을 새기며 주어진 일을 포기하지 말고 최선을 다하세요. 호주 와서 이 꽉 깨물고 일하세요. 괜히 주저하다 아무것도 하지 못하는 사람이 되지 마세요." 입니다.

'호주는 인종차별이 심하다', '일 구하기가 힘들다', '가서 뭐하냐' 는 말들은 노력하는 사람에게 모두 핑계로 들립니다. 악으로! 깡으로! 참을 忍을 가지고 후회 없는 호주 워킹 생활을 하고 오기를 바랍니다.

놈(알아듣는 놈),
놈(이해하는 놈),
놈(오해하는 놈)

청소 경력이 있다지만 6년 전의 일이고, 그동안 청소기기 작동법도 달라졌고, 당장 홀로 떨어져 한 매장을 맡을 수 있을지 스스로 의문이 들었다. 그래서 슈퍼바이저와 함께 일주일 동안 NSW지역에 위치한 울워쓰에 가서 약칠을 도와주는 일을 하게 되었다. 약칠이라 함은 슈퍼마켓의 바닥을 벗겨낸 뒤 약을 칠해서 광택이 나게끔 만드는 것을 말한다. 보통 약칠을 하게 되면 3명에서 4명 정도가 투입된다. 슈퍼바이저가 되는 가장 큰 요구조건으로 영어실력도 있겠지만 약칠을 얼마나 잘하는가도 중요하다.

슈퍼바이저와 나 그리고 한 명의 예비 슈퍼바이저가 함께 NSW주 울워쓰 슈퍼마켓을 찾아갔다. 온천으로 유명한 모리(Moree)에 도착했다. 워낙 호주 땅덩어리가 넓어서 한 지역에서 다른 지역으로 이동하는 것은 녹록치 않은 일이었다. 장시간의 운전으로 모두 허기가 졌고, 주전부리가 필요했다. 다행히도 늦은 시간까지 영업하는 피자집이 보였다. 슈퍼바이저는 두 판의 피자를 시켰다. 주문한 피자를 들고 현관을 나가는 순간, 점원 중 한 명이 우리들에게 무언가 말을 했다. 점원의 악센트가 불분명해 정확히 무슨 이야기인지는 몰랐다. 하지만 잘 가라는 의미의 인사로 이해했다. 그런데 그런 나와 달리 예비 슈퍼바이저의 얼굴이 붉어졌다.

"형님들. 와! 저 자식 너무하는 것 아니에요? 우리가 지금 동양인이라고 무시하는 말 하는 것 들으셨어요?"

'어? 내가 잘못 들었나? 아닌데 욕하는 것은 아니었는데… 말투가 조금 거칠기는 했어도 무시한 것은 아니었는데…….' 라는 생각이 들었지만, 내가 잘못 들었나 싶어 침묵했다. 그런데 슈퍼바이저는 박장대소를 하는 것이 아닌가?

"바보야! 그게 어떻게 욕을 한 거냐!"

"욕한 게 아니었다고요? 그럼 뭔데요?"

"그냥 맛있게 잘 먹고 잘 가라고 한 거야. 워낙 오지 애들이 말을 할 때 빠르고 악센트가 강해서 못 알아듣는 거지."

그렇게 그날 셋은 우리만의 영화 놈놈놈의 주인공이 되었다. 알아듣는 놈, 이해하는 놈, 오해하는 놈.

70대 노인이 일을 하는 사회

이번에 갈 지역은 포트맥커리(Port Macquarie)라는 지역이에요. 아마 가시면 조금 놀라실 겁니다."

"예? 무슨 일인데요. 일거리가 많나요?"

"아니요. 일을 하러 가는 것은 아니고요. 고장난 것이 있어서 그것 잠시 봐주러 가는 거예요. 전해줄 것도 있고요."

포트맥커리 울워쓰에 도착한 시간은 새벽 2시였다. 야간근무자만 출입이 가능한 소방 비상벨을 누르고 나이트매니저가 나오길 기다렸다. 문이 열리고 우리는 한창 물청소 기계를 돌리고 있는 청소원에게 성큼성큼 다가갔다. 그런데 어? 뒷모습이 이상하다. 모자를 쓰고 있었는데 모자 밖으로 보이는 머리칼 색이 흰 색이었다. 혹시?

"아저씨! 저희들 왔어요."

귀가 어두우신 건지, 기계작동 소리 때문에 우리 목소리를 못 듣는 건지 재차 불러도 뒤돌아보지 않고 묵묵히 일하셨다. 슈퍼바이저는 으레 그래왔었다는 듯 익숙하게 아저씨의 어깨를 살짝 건드렸다.

"어! 왔어요? 정신이 없어서 내가 몰랐네. 얼추 끝나가요. 제가 부탁드린 것은 가지고 왔죠?"

청소원은 70대 할아버지셨다. 할아버지는 지구 반대편에 있는 호주에 와서 7년 동안, 주말도 없이 1년에 일곱 번(부활절, 크리스마스, ANZAC, 새해 등)만 쉬면서 돈을 벌고 계셨다. 그것도 불법체류자 신분으로 말이다. 할아버지가 그렇게라도 호주에서 일을 계속하는 이유

는, 지병이 있으신 90대 노모를 부양해야 되는데 한국에서의 돈벌이
로는 병원비를 지불할 형편이 안 되기 때문이다.

슈퍼바이저는 그 할아버지에게 한 달에 한 번 김치와 라면을 주기
위해서 방문한 것이다. 포트맥커리 지역은 할아버지 외에는 한인이
없다고 할 정도로 외진 지역이기 때문에 슈퍼바이저가 방문길에 한
국음식을 사다주는 것이다.

할아버지는 연세가 드셔서 자꾸 깜빡깜빡한다며 방문을 뒤늦게 알
아채신 것을 사과하셨다. 그래도 청소는 잘하고 있다며 슈퍼바이저
를 안심시키신다. 할아버지는 슈퍼바이저의 눈치를 보셨다. 나이와
는 상관없이 엄연히 청소를 잘하고 있는지 검사하러 온 슈퍼바이저
이지 않은가.

우리는 또 다른 지역을 가기 위해 서둘러 차를 탔다. 뒤편으로 밖
까지 배웅 나온 할아버지의 모습이 보였다. 고희연이 다가오는 부모
님이 생각나 콧잔등이 시큰했다.

호주, 그곳에 나를 두고 오다

한국인 쌍둥이 아빠
vs.
호주인 쌍둥이 가족

일주일간의 약칠을 끝내고 시티 울워쓰에서 청소하는 사람들이 모여 사는 숙소에 왔다. 내가 울워쓰 청소를 할 곳은 콥스하버(Coffs Harvour)에 위치해 있는데 일 시작 전까지 이틀간 머물 예정이었다. 그곳에는 한국인 아저씨가 머물고 있었다. 무뚝뚝한 경상도 사나이의 전형을 보여줄 만큼 말이 없는 아저씨였다. 그런데 궁금했다. 왜 아저씨는 멀리 타국에 와서 청소를 하고 있을까? 그날 저녁 술 한잔 나누면서 들은 아저씨의 사연은 이랬다.

아저씨의 한국 내 직업은 시나리오 작가였다. 일정한 수입이 없는 직업이다 보니 결혼을 하고 생활고를 겪었다. 그래도 사랑하는 가족이니까, 함께하니까 살 수 있었다. 그런데 얼마 안 있어 재앙(?)이 찾

아왔다.

아내의 임신 소식은 축복이었다. 그렇지만 쌍둥이일거라고는 상상
도 못했다. 앞으로는 뭐든지 이중으로 돈이 들어갈 것이다. 생활비와
양육비 걱정이 덜컥 들면서 쌍둥이라는 사실에 마냥 기뻐할 수 없었
다. 할 수 있는 일이라고는 글쓰기밖에 모르던 아저씨는 가족들을 부

양할 돈을 벌기 위해 호주로 왔다. 그렇게 가족과 생이별을 하고 기러기 아빠로 산지 3년이라고 했다. 한창 예쁘고 사랑스러울 때일 텐데, 바로 옆에 있고 싶을 텐데……. 아저씨의 휴대폰에는 수백 장의 아이들 모습이 저장되어 있었다.

이튿날 아무래도 콥스하버로 가게 되면 한국음식 구입이 힘들 것 같아 브리즈번 시티로 나왔다. 주말이라 가족 단위로 외출한 호주인들이 자주 눈에 띄었다. 거리 나들이에 나온 가족들 중에 유독 눈에 띄는 가족이 있었다. 쌍둥이 유모차를 끌고 나온 가족이었다. 더없이 행복해 보였다. 어제 아저씨의 휴대폰 사진을 훑는 손가락과 쓸쓸한 옆모습이 떠올라 마음이 아팠다.

생정보 • 호주 내 한국인 아버지를 나타내는 신조어

- **펭귄 아빠** : 경제적 형편이 여의치 않아 발만 동동 구른 채 아무런 원조도 못하는 아빠
- **기러기 아빠** : 자식을 위해 멀리 타지에서 휴일 없이 일하는 아빠
- **황금독수리 아빠** : 언제든 자식을 위해 비즈니스 티켓을 끊고 날아오는 아빠

수면제를 먹어야 잠드는 워홀러

이틀간의 숙소생활을 뒤로 하고 드디어 콥스하버 (Coffs harvour)에 도착했다. 콥스하버는 브리즈번에서 400킬로미터, 시드니에서 600킬로 떨어진 관광도시다. 한국인들에게 콥스하버는 익스체인지 블루베리 농장으로 유명하다. 여성들도 쉽게 많은 돈을 벌 수 있는 대박농장으로 소문이 나서 블루베리 시즌이 되면 많은 한국인들이 찾는 곳이기도 하다. 내가 앞으로 머물 숙소는 블루베리 농장에서 30분 거리의 지역으로 파크비치 근처에 위치해 있다. 내가 숙소에 도착한 시간은 오후 2시였다. 또래로 보이는, 잠을 자다 나온듯한 모습의 워커가 나를 반겨줬다. 그것이 내 전임자인 그와의 첫 만남이었다.

그의 이름은 이인호로 나이는 나보다 한 살 어린 32살이었다. 그는 내가 적응할 수 있도록 3일 정도 같이 일을 해 주었다. 청소를 같이 하면서, 술 한잔 같이 하면서 우리는 친해졌다. 인호와 나는 또래이기도 하거니와 한국에서 같은 동네에 살았다는 이유로 형 동생 하기로 했다.

인호는 소고기 공장에서 일을 하다 인대가 늘어나 공장일을 할 수 없어, 다른 일자리를 찾다 이곳으로 왔다고 한다. 주당 1,000불이라는 많은 돈을 받지만 너무 외로워서 이곳을 떠나고 싶다고 말했다. 그는 매일 잠을 자기 위해서 술을 마셨단다. 하지만 그래도 잠들지 못하면 수면제를 먹었다고. 그러던 어느 날, 돈을 벌기 위해서 호주에 온 건 맞지만 건강을 잃으면 아무 소용없다는 생각이 들었다는 것이다. 그래서 일을 관두기로 결심했다고.

인호는 내가 있는 동안은 수면제를 먹지 않았다. 심리적 안정을 찾은 것 같았다. 그는 울워쓰 일을 하면서 '내가 왜 여기에 와서 이 일을 하고 있나' 라는 회의감이 들었다고 한다. 호주가 여유롭다고 해서 왔는데 막상 생활은 한국보다 더 혹독한 노동을 하고 있다는 것이다. 분명 본인이 일하고 있는 이유는 돈이지만, 궁극적으로는 행복해지기 위해서 아닌가?

그런 스트레스가 불면증을 야기했고, 결국 수면제를 먹어야 잠이 오는 지경까지 온 것이다.

1년에 1,000만 원 이상 한국으로 들고 가는 것이 인호의 목표였다. 나는 말하고 싶었다. 그 돈을 들고 간다고 한국은 박수쳐 주지 않아! 하지만 나는 말할 수 없었다. 남에게는 '호주워킹은 돈이 목적이 아니야!' 라고 훈장질하지만 나 역시 그들처럼 많은 돈을 벌기 위해 이곳에 왔기 때문이다.

한국인의 情, 호주인의 情

아무래도 공통사가 없는, 서먹한 상대와의 대화는 오래 이어가는 데 어려움이 있다. 외곽지역의 호주인 중에는 한국인은 커녕 동양인을 만나보지 못한 사람들도 많다. 전에 비해 영어로 대화를 하는 것에 자신은 붙었지만 아무래도 문화권이 다르다 보니 공통 관심사 찾기가 쉽지 않았다. 서로 고개를 갸우뚱거리는 경우도 비일비재했다. 호주인과 친구가 되고 싶은 마음은 컸는데 친해지기 어려웠다.

그래서 고심 끝에 찾은, 호주인과 친해지는 방법이 '한국음식 대접하기'였다. 베리와 줄리앙이 나의 호주인 아버지가 된 데에는 음식이 중요한 역할을 하였다. 6년 전에는 오랜 대화를 이어가지 못했다. 그렇지만 음식은 많은 말이 필요 없다. 한국음식을 대접하면서 그들과 친해지는 계기를 마련할 수 있었다.

콥스하버에서도 새로운 친구를 만들고 싶다고 생각한 나는 자주 한국음식을 대접했다. 내가 요리할 수 있는 음식은 짜장, 카레, 소고기불고기였다. 인도사람이 쉐어생으로 있었으므로 일단 카레는 제외했다. 짜장과 소고기불고기 중 인호도 좋아한다는 소고기불고기를 대접했다. 솔직히 특별한 비결이 있다거나 요리솜씨가 빼어나거나 한 건 아니다. 소고기불고기 양념장에 야채를 듬뿍 넣었는데, 그래도 최소한 맛없다는 이야기는 듣지 않았다. 접시에 밥을 담고 그 위에 소고기불고기를 얹어 데이빗표 소고기불고기 덮밥을

호주, 그곳에 나를 두고 오다

완성했다.

콥스하버에는 타이음식점, 중국음식점은 있었지만 한국음식점은 없다. 콥스하버에 거주하는 호주인들에게 소고기불고기 덮밥은 처음 접하게 된 한국음식이었다. 그들은 이 음식을 어떻게 먹어야 하는지 난감해 했다. 포크와 나이프를 사용해 먹는 그들에게 '이 음식은 수저로 싹싹 비빈 뒤 먹어야 제 맛'이라고 말했다. 그들은 어색한 손놀림으로 한 스푼 가득 푸더니 오물오물 소고기불고기 덮밥을 먹었다.

좋아해줄까? 반응을 기다리는 그 몇 초의 순간이 지나고, 너도나도 찬사를 쏟아냈다. 그들은 한국음식이 이렇게 맛있는지 몰랐다며 스푼의 움직임을 멈추지 않았다. 심지어 숙소 안주인인 몰리 아주머니는 레시피까지 물어봤다. 한결 마음을 터놓게 된 그들은, 곧 떠나게 될 인호를 위한 일일여행을 권유하며 여행지를 추천해주기도 했다. 그들과의 인연은 이렇게 시작되었다.

승선 길에 오르다

그렉 아저씨와 몰리 아주머니는 브리즈번으로 떠나는 인호를 위해 소풍을 준비했다. 오픈카를 타고 우리는 콥스하버 곳곳에 위치한 관광지를 들렀다. 일터라고만 생각했던 콥스하버는 상당히 아름다운 해변을 가진 관광지였다. 실제로 러셀크로우와 멜 깁슨의 별장이 콥스하버에 있을 정도다. 하지만 우리들은 알지 못했다. 그도 그럴 것이 일하기에 바빴고 그 다음날을 위한 체력을 비축해야 하기에 외출도 하지 않았기 때문이다. 그날 인호는 많은 것을 깨달았다고 한다. 호주워킹을 계획했을 때 그는 이런 기분을 만끽하려고 했었다는 것이다. 빡빡하게 살던 일상에서 벗어나 살고 있다는 느낌을 받기 위해 찾은 곳이 호주였다는 거다. 그날의 여행으로 그 초심을 깨달았단다.

돌아보니 자신은, 인대가 늘어나서 그만두기까지 3개월 남짓 소고기 공장에서 칼질을 했고, 이곳에 와서는 수면제 먹어가며 일을 했다. 돈이 쌓여가는 것은 좋았지만 그 기쁨은 한국에서 그렇게 벗어나고팠던 기분, 적금 만기의 행복을 느끼기 위해 사는 기분 뿐이었다는 것이다.

인호는 하루 여행을 마치고 아저씨, 아주머니를 위한 선물을 준비했다. 일일여행 중 단란하게 가족사진 찍듯 찍었던 단체사진을 액자에 넣었다. 그리고 인호의 호주 부모님, 그렉 아저씨와 몰리 아주머니에게 선물했다. 인호의 마지막 배웅을 하면서 그렉 아저씨와 몰리 아주머니는 눈시울을 붉혔다. 그 모습에서 베리 아저씨와 줄리앙 아저씨가 보였다.

영화 〈타이타닉〉의 주인공 잭 도슨은 타이타닉 배에 승선한 뒤, 뱃머리에 서서 크게 외친다. "I am king of the world!!!" 그 기분을 이해할 수 있었다. 새롭게 출발하는, 인호를 보면서 나는 마음속으로 말했다. "You're king of the world!!!"

누가 457비자를 곡해하는가?

이인호

예전에 인터넷 기사에서 봤던 것 중 기억에 남는 하나가 있습니다. 그것은 호주 영주권의 가치가 한화로 10억 정도의 값어치가 있다고 하는 글이었습니다. 그 산정기준이 정확히 무엇인지는 잘 모르겠지만 제가 느낀 호주는, 살고 싶은 매력이 충분히 있는 곳인 것은 확실합니다. 저 역시 호주워킹으로 호주에 와서 호주의 매력을 느끼고 영주권을 준비하고 있으니 말이죠. 그렇다면 호주에서 영주권을 얻기 위한 방법은 어떤 것이 있을까요?

보통 그 중에서 우리나라 사람들이 가장 많이 알고 있는 것이 457비자입니다. 457비자는 일종의 임시 취업비자라고 생각하시면 됩니다. 임시 취업비자이기에 고용관계에 있어 고용주에게 득이 되는 점이 많은 것이 사실입니다. 457비자는 보통 고용주와의 계약기간은 기본 2년, 그리고 2년 연장이 가능하지만 이 부분도 고용주의 의사에 따라 좌우되는 부분이라서 연장이 될 수도 있고 안 될 수도 있기 때문입니다.

457비자의 장점이 있다면 2년 후 정식으로 영주권 신청이 가능하기에 호주에 남아 있고 싶어 하는 사람들에게는 달콤한 유혹입니다. 그런 457비자의 장점으로 인해 호주 내에서 가장 사기가 판을 치는 것 역시 457비자입니다. 이 비자를 '빌미로 사람을 노예 부리듯 부리고 나중에 말 바꾸는 사장님들이 많습니다. 그러다 보니 이곳에서 457비자는 노예비자로도 불리고 있습니다.

또한 이민 오시는 분들 중에는 암암리에 돈 주고 457비자를 사는 경우도 있습니다.

457비자가 있으면 자녀들 학비를 면제(공립학교만 해당)받을 수 있고, 2년 후 영주권 신청이 가능해 금전적 여유가 있는 분들이 선택하는 한 가지 방법입니다.

하지만 사업주 마음대로 비자를 내주고 취소할 수 있기 때문에 많은 문제가 현지에서 발생하고 있습니다. 실제로 한국인 고용주 밑에서 457비자를 받은 사람들을 보면 법으로 정한 최저임금도 못 받는 분들이 대부분입니다. 하지만 세금은 법으로 지정한 최저임금에 비례해서 냅니다. 주 6일 근무 법적 근무시간은 딴 나라 이야기입니다. 한국보다 더 힘들게 일하면 일했지 덜 하지는 않는 것이 457비자를 체결한 사람들의 공통된 현실입니다.

실제로 이곳에서 457비자를 받은 친구의 급여는 법적 최저임금의 절반 수준이고 세금은 최저임금에 비례해서 내다보니 급여를 받아도 하루를 살기가 힘든 생활을 하는 것이 대부분입니다. 그러다 보니 457비자를 가지고 계시는 분들은, 영주권을 받기 전까지 별 보고 출근해서 별 보고 퇴근하는 삶을 이어가게 됩니다. 삶의 여유를 즐기기 위해 호주에 왔는데 한국보다 더 심한 노동을 하고 있는 셈이죠.

하지만 워커들은 이런 불만조차 이야기할 수 없습니다. 괜히 말 한 마디 잘못했다가 비자 취소당하고 호주 땅을 떠나야 되는 상황이 발생할 수 있으니까요. 그들은 말 그대로 울며 겨자 먹기 식으로 버티는 겁니다. 이런 사례가 비일비재하기 때문에 우리들은 457비자를 노예비자라 부릅니다.

호주 내 한국인은 한국인을 믿지 말라는 이야기. 457비자로 인해 더더욱 호주를 방문하는 사람들에게 격언이 되어 버렸습니다. 더 이상 한국인이 한국인을 불신하는 사회가 되지 않기를 바랍니다.

워킹, 공부, 이민 등 모두가 다른 이유로 호주에 옵니다. 그들 모두 각자가 이루고자 하는 꿈을 꼭 이루기를 바랍니다.

'I am sorry'와 'In my opinion'

매장 청소시간은 오후 11시부터 스토어매니저 바스 (BASS)가 출근하는 7시 30분까지였다. 일은 육체적으로는 그다지 힘들지 않았다. 다만 정신적으로 많이 힘들었다. 같은 동료라 생각한 나이트필러(밤에 일하는 일꾼)들이 그다지 나를 달가워하지 않는다는 느낌이 들었기 때문이다. 그래도 나는 굴하지 않고 한국인의 친절함을 보이기 위해 먼저 인사를 하며 앞으로 잘 지내자고 했다. 그래도 왠지 모를 찜찜한 느낌과 홀로 떨어졌다는 느낌을 받았다. 그럴 때마다 인호가 떠난 빈자리가 크게 느껴졌다. 같이 보낸 시간은 일주일이었지만 비슷한 환경에서 자란 탓에 꽤나 정이 들었나보다.

그렇게 융화되지 못한다는 느낌은 어쩌면 내 안에서 나온 것일 수도 있다. 내 의견을 밝히고 서로 소통했다면 상황은 달라졌을 수 있다. 이를 깨달았던 계기가 된 사건이 있었다.

나이트필러 중 한 명인 JOHN은 청소장비가 있는 클리너 룸 왼편 과일창고에서 일하는 직원으로, 매일매일 빈 매대에 과일을 채워 정리하는 일을 한다. 그런데 항상 그 과일 수레가 잔뜩 쌓여 클리너 룸 문을 막고 있었다. 클리너 룸을 열 수 없어서, JOHN이 10분 정도 일을 시작한 후에야 내가 청소 일을 시작할 수 있었다. 나는 클리너 룸 앞에 과일 수레를 내놓는 그의 배려 없는 행동에 화가 났다. 하지만 같이 일하는 입장에서 화를 내서 서로 스트레스 받고 싶지 않아 참았다.

그런데 어느 날 그가 먼저 화를 내는 것이 아닌가. 왜 항상 쇼핑카트에 쓰레기를 넣은 뒤 과일창고 앞에 쌓아두냐는 이유였다. 손가락질을 해대며 두 번 다시 이러면 가만히 안 놔두겠다는 말을 끝으로, 내 해명은 들을 생각도 없다는 듯 쌩하니 자리를 떴다. 너무 황당했다. 청소를 하면서 잊으려고 했지만 일방적인 그의 태도가 머릿속에서 계속 나를 괴롭혔다.

'그래 말하자! 내 의사를 충분히 이야기하자!'

나는 청소 일을 끝마치고 JOHN에게 다가갔다. 감정을 삭이면서 나는 내 의사를 전달했다. 처음에는 내 행동으로 인해 너를 기분 나쁘게 해서 미안하다고 말했다. 그러고 난 뒤 나 역시 네가 배려 없이 과일 수레를 클리너 룸에 항상 남기고 갔던 것에 대해서 기분이 나빴다는 이야기를 했다.

나는 그가 기분이 상해 언성을 높일 거라 생각했다. 하지만 나의 예상은 빗나갔다. 그는 정말 미안한 표정을 지었다. 그리고는 자신도 오늘 기분이 안 좋은 일이 있었는데, 쓰레기봉투를 자신이 일하는 과일창고에 또 넣어 둔 것을 보고 순간 욱했다며 사과했다. 그리고 내가 불평한 것에 대해서 내일부터는 그런 일이 없도록 하겠다며 다시 한 번 미안하다 말하는 게 아닌가? 속으로 삭이고 있었던 불평이 한 순간에 해결됐다.

그 다음날 그의 약속대로 클리너 룸 앞에 과일 수레는 없었다. 나 또한 쓰레기봉투 버리는 위치에 주의했다. I'm sorry를 연발하며 자신의 의사를 밝히지 못했던 내가, In my opinion을 꺼내 소통이 되었다는 사실이 나를 웃게 했다.

호주, 그곳에 나를 두고 오다

외국인 친구 사귀기

음식은 말없이도 소통한다는 일념으로 나는 매일 콥스하버 사람들에게 한국음식을 대접했다. 6년 전 외국인 쉐어를 하면서 깨달은 나만의 외국인친구 사귀는 법이다. 어차피 한국음식이라는 것이 더불어 먹어야 맛있고, 수저 하나 놓으면 먹을 수 있는 것이 아닌가. 나는 카레, 짜장, 그리고 돼지 불고기, 소 불고기를 번갈아 가면서 대접했다.

호주인은 통상적으로 먼저 호의를 베푸는 일이 거의 없다. 호주인의 성향이기보다는 서양인들의 개인주의 성향 탓이 크다. 그렇지만 내가 만난 호주인들은 통상적으로 받은 호의에 대해 신세를 갚아야 한다는 생각을 가지고 있었다. 그렉 아저씨와 몰리 아주머니 또한 한

인도커리 해주는 프레딕

국음식을 대접받는 것에 고마움을 표하면서 무언가 빚을 진다는 느낌을 받는 듯싶었다. 그런 그들에게 하루하루 번갈아가면서 음식 쉐어를 하자고 제안했다. 일주일 정도 음식쉐어를 하자 그것을 지켜보던 인도친구 역시 동참하게 되었다. 그렇게 되자 나는 일주일에 두 번만 한국음식을 하면 되었다.

돈 혹은 영어 때문만이 아니라도 호주워킹에서 가장 보람된 것 중의 하나는 그 기간 중에 만난 외국인친구이다. 보통 외국인들은 먼저 다가오지 않는다. 내가 먼저 마음을 열고 다가가야 외국인친구 역시 다가온다. 내가 뛰어난 요리 실력을 가진 것은 아니지만, 얼마 되지 않은 가짓수의 음식으로 먼저 한국음식을 대접해주었고 그러자 그들 또한 내게 다가왔다고 생각한다.

나는 요리를 계기로 외국인과 친구가 될 수 있었고, 어떤 이는 그림을 좋아해서 그들의 그림을 그려주고 친구를 사귀는 경우도 있고, 어떤 이는 사진을 좋아해서 사진을 찍어주고 친구가 되는 경우도 있다. 이렇게 보통 자신이 잘하는 것을 계기로 삼아 그들에게 먼저 다가간다.

또한 중요한 것은 우리나라 인사법을 유념하여 활용하는 것이다. 고개를 숙이고 먼저 반갑게 인사하는 것을 자존심 상한다 생각하면 안 된다. 그런 생각을 가지고 있다면 외국에서 절대로 외국인친구를 사귈 수 없다. 먼저 손 내밀고, 먼저 호의를 베풀어야 소중한 친구를 얻을 수 있다.

영어정복을 원하면서 한 시간에 2만원 3만원 하는, 1:1 원어민 수업을 듣던 학생들이 호주에서는 침묵한다. 원어민 선생님이 외국인친구가 될 수 있는데 말이다. 외국인친구 사귀기, 그것은 마음먹기에 달렸다.

한국인을 믿지 마세요

강태호 씨인가요? 사이트에서 보고 연락드립니다. 콥스하버로 다음 주에 갈 생각인데 블루베리 농장에 대해서 알려주시겠어요?"

오늘 하루의 시작도 문의전화와 함께 시작하는구나. 나는 성심성의껏 질문에 답을 준다.

매일 똑같은 근무시간과 정해진 취침시간이 계속되던 어느 날, 내가 할 수 있는 선에서 뭔가 보람된 일을 하고 싶은 마음이 생겼다. 그렇게 해서 세운 계획이, 내가 알고 있는 정보를 공유하여 사람들이 사기당하지 않도록 하자는 것이었다. 한국인 워홀러가 자주 가는 사이트에 글을 올렸고, 이후로 며칠째 내 전화기는 잠자는 시간을 제외하고는 계속해서 울려댔다.

특히나 블루베리 시즌이 다가오니 내가 살고 있는 콥스하버에 대해서 많이 물어봤다. 그 중에서도 방 비용에 대한 문의가 많았다. 그들은 사이트에서 알아본 방 가격이 이해가 안 간다고 말했다.

"사실 이곳이 조금 비싸기는 해요. 저도 현재 150불을 내고 살고 있어요. 브리즈번 시내보다 더 비쌀 것이라고는 상상하지 못했어요."

"아 그래요? 그 사람이 거짓말을 한 건 아닌가 보네요."

"아 150불 이야기했나 보네요. 농장 근처라면 팜스테이를 하시면 조금 더 저렴해져요. 혹은 조금 불편하더라도 2인 1실 들어가도 될 듯싶어요. 2인 1실은 주당 100불 정도로 지낼 수 있을 것에요. 저는 새벽청소를 다니기 때문에 어쩔 수 없이 1인 1실을 쓰니 주당 150불을 감내하고 있는 거죠."

"예? 1인 1실 150불이라고요? 2인 1실 가격이 아니고요?"

"지금 그러면 150불이 2인 1실 가격이었나요? 아니 누가 그런 말도 안 되는 가격을……."

"그게…… 한국인이 올려놓은 거에요."

아! 깊은 탄식이 나도 모르게 흘러 나왔다. 그리고 그들에게 나는 외국에 가면 꼭 새겨들어야 할 말을 했다.

"한국인을 믿지 마세요."

콥스하버 전설이 만들어지다

그들은 결국 직접 나를 찾아왔다. 아무래도 백문이 불여일견이라고, 어차피 블루베리 농장에 가기로 결정한 마당에 직접 만나 방을 보고 싶다고 말했다. 그들은 젊은 부부였다. 한국에 어린 자식까지 있는 30살 동갑내기 부부였다. 그 부부는 시부모님에게 아기를 맡기고 호주워킹홀리데이를 왔다고 했다. 조금은 철없는(?) 결정을 한 듯싶어 안타까웠다. 그들은 돈을 벌기 위해서 왔다고 했다. 시간당 20불 가까이 된다는 이 곳 호주에서 부부 합쳐 4,000만 원을 벌어가는 것이 목표라고 말했다. 나는 여지없이 훈장질하듯 다그쳤다.

"저 죄송한데, 그렇게 돈 많이 벌어봤자 사회에서 안 알아줘요."

"예! 맞아요. 사회에서 안 알아줘요. 그런데 사실 저희 사회에서 알아주고 안 알아주고는 중요하지 않아요. 사실 저희 한국에서 1,000만 원도 저금 못하고 살고 있어요. 그래서 호주워킹 온 거에요. 막일한다고 하지만 노력하면 돈 벌 수 있다고 해서요."

아무 말도 할 수 없었다. 그들의 삶의 고뇌가 고스란히 전해졌기 때문이다. 그들의 모습에서 양육비를 위해 3년간 기러기 아빠의 삶을 택한 쌍둥이 아빠가 생각났고, 한국에 계신 노모를 위해 청소를 하시던 70대 노인분이 생각났다.

나는 그들과 함께 블루베리 농장으로 갔다. 그들은 애석하게도 hello 정도 오고갈 수 있는 영어실력이었다. 그래서 그들의 이력서와 함께 인터뷰에 필요한 간단한 대화를 도와주게 되었다. 그런데 이를 눈여겨보던 한국인 두 명이 있었다. 그들은 내가 블루베리 농장에 근무하는 사무원과 이야기하는 사이 부부에게 접근했다. 자세히 들리지는 않았지만 자신들이 집 렌트를 하는데 저렴하게 해줄 테니 들어오라는 이야기 같았다.

부부에게 들은 대화 내용은 이랬다. 집 렌트를 제안한 것이 맞으며, 생각해 둔 곳이 있다고 부부가 사양하자 그들은 정색하며 말했다고 한다.

"뭘 모르는 소리에요. 렌트, 여기가 얼마나 비싼데요. 지금 스쿨홀리데이 기간이라서 렌트 가격이 방 3개 1,000불은 줘야 되요. 저도

호주, 그곳에 나를 두고 오다

지금 손해보고 있다고요."

"정말요? 아 제가 잘못 알고 있는 건가요?"

"혹시나 관심 있으시면 연락주세요. 지금 연락이 많이 와서 방이 많이 없어요. 전화상으로 이야기하는 것보다 이렇게 만난 사람들에게 기회를 주고 싶어서 이야기한 거니깐요. 빨리 연락주세요."

나는 그들의 전화번호를 지우라고 했다. 그러나 그들은 끝끝내 그 곳으로 들어갔다. '왜 그렇게 들어갔나? 좋은 조건이 아니다.' 라고 다그치는 내 말에 그들은 답했다.

"계속 비싼 모텔에서 방값 내기 너무 부담스럽고, 방 렌트도 많이 어렵더라구요. 그래서 그냥 조금 손해 본다고 생각하고 했어요."

카불처 렌트왕의 전설은 이 곳 콥스하버에서도 만들어지고 있었다.

호주에서 일자리 구하기

호주농장 가는 사람들이 꼭 알아야 될 내용

❶ http://jobsearch.gov.au/harvesttrail/호주정부에서 운영하는 호주농장정보 사이트를 참조하고 자신이 가게 되는 농작물 정보를 미리 파악한다.

❷ 자신이 가는 지역의 숙소는 되도록 검트리(http://www.gumtree.com.au/)를 통해 알아보고 농장멤버(4명 이상)인 경우는 단기간(3개월) 렌트하는 것도 좋은 방법이다.

❸ 농장주 컨택을 노려라. 중간에 슈퍼바이저, 컨츄렉터가 있는 이상 임금을 조금씩 떼일 수밖에 없다. 본인이 영어능력이 있다면 직접 농장주와 접선을 하는 것이 좋다.

❹ 호주농장에서 돈을 많이 번다는 이야기는 농신(농장 신) 개념의 임금으로 알려진 것이 대부분이다. 보통 워커들의 평균임금은 그 금액의 절반 정도 되는 금액이 평균금액이다.

❺ 농장은 장기간 한 작물에 올인하는 사람만이 돈을 번다. 대부분이 컨츄렉으로 피킹, 패킹한 정도에 따라 돈을 버는 구조다. 그런 구조 속에서 손에 익은 사람들만이 농장에서도 대접받으며 고임금을 받을 수 있다.

호주공장 가는 사람들이 꼭 알아야 될 내용

❶ 호주공장의 셧 다운 기간을 확인하라. 보통 그 기간에는 2주에서 길게는 한 달 가량 일이 없는 경우가 많다.

❷ 현재 호주공장 대부분이 중간 컨츄렉터와 슈퍼바이져가 계약이 체결되어 있는 경우가 많다. 그러다보니 원래 받아야 되는 임금에서 5프로에서 많게는 10프로까지 떼인 상태에서 임금을 받는다. 개인 컨택이 가능한 공장의 문을 두드려라[개인 컨택이 가능한 대표적인 공장으로는 워홀러들의 삼성이라 불리는 잉햄(닭공장)이 있다].

❸ 호주공장 관련된 정보는 http://www.seek.com.au/을 참조한다.

❹ 호주공장의 임금은 비싸지만 몸이 고된 경우가 많다는 것을 참고한다. 특히나 비위생적인 공간, 비위가 약한 사람들에게는 하기 힘든 일들이 많다. 미리미리 본인이 하게 될 공장일 파트에 대해서 알아보는 것이 중요하다.

기타 일자리에 관해 꼭 알아야 될 내용

❶ 보통 트레이닝 기간이 있는지 여부를 확인하라(한인 밑에서 일하는 경우 심지어 일주일 이상 무임금으로 일을 하는 경우도 있으니 참조하라).

❷ 보통의 오지잡들은 따로 구인공고를 올리지 않는다. 이력서 수 백 장을 뿌리며 일을 구했다는 무용담 아닌 무용담이 있는 이유가 다 그 이유다.

❸ 카버레터를 확보하라. 영문이력서는 단순히 자신의 경력과 학력, 외부 활동 경험만을 나열하므로 모든 이들이 도토리 키 재기다. 하지만 카버레터는 자신이 얼마나 이 직업을 원하는지에 대한 설득이 담겨있어 호주 고용주가 가장 유심히 보는 대목이다.

❹ 호주 전문직은 자격증을 요한다. 주류취급 자격증(RSA), 카지노취업 자격증(RCG), 바리스타 자격증(Barista) 등이 대표적이며 한국에서 아무리 전문직에 종사하였더라도 호주 내 자격증이 없다면 무의미하다. 물론 기본적인 영어회화 실력은 필수다.

❺ 호주에서는 막노동을 하더라도 자격증(그린카드, 블루카드)이 있느냐 없느냐에 따라서 임금 차이가 있다. 자격증 소지여부 상관없이 한인

밑에서 하루 100불 남짓 타일데모도(타일을 바닥과 벽에 부착하는 보조작업) 일을 하는 경우와 호주인 밑에서 하루 150불 이상의 고임금을 챙기는 경우가 있다. 막노동을 할 생각이라면 그린카드, 블루카드를 취득해라.

❻ 기계를 잘 다루는 사람이라면 Forklift ticket(지게차) 자격증을 취득하는 것이 좋다. 보통 2일 정도면 자격증 취득이 가능하며 지역에 따라 다르지만 약 500불에서 700불 내외의 비용이 든다. 여러 공장과 농장에서 지게차 자격증을 소지한 사람에게 더 큰 혜택을 주기도 한다.

❼ 울워쓰 청소는 보통 시티에서 하는 경우 적은 금액을 받고 캐시잡으로 일한다. 하지만 외곽지역으로 가는 경우는 보통 주당 800불 이상 임금을 받을 수 있다. 울워쓰 청소권을 따는 것은 워홀러들에겐 불가능하다. 현재 워홀법상 한 고용주 밑에서 6개월 이상 일을 못하기 때문에 울워쓰 청소권을 입찰하는 것은 불가능하다. 현재 대부분의 울워쓰 청소권의 대부분은 한인들이 가지고 있다.

❽ 고용주가 고용자보험을 들었는지 확인하라. 실제로 일터에서 사고가 나면 고용자보험을 통해 임금의 최대 80프로까지 보상을 받을 수 있으며 상해정도에 따라 상해 진단금 까지 받을 수 있다.

PART
5
시련 그리고 성장

나는 가스밸브를 놓지 못했다

여느 날과 같이 나는 자정에 청소를 시작했다. 이제 두 달째. 익숙해진 작업은 청소시간을 단축시켰고, 점점 인사하는 워커들이 많아져 하루하루가 재미있었다. 또한 주당 800불씩 세이브되는 은행잔고를 보는 것도 기쁨이었다.

물청소가 끝나고 마지막 광 기계를 돌리는 일만 남았다. 광 기계란 말 그대로 슈퍼마켓 바닥을 닦아서 번들번들하게 광을 내주는 기계를 말한다. 청소의 마무리는 광 기계를 돌리는 일이다. 보통 광 기계는 15kg 들이 가스통을 부착한 뒤 그 가스 힘으로 작동된다.

평소와 똑같이 광 기계의 가스를 틀었다. 그런데 그 광 기계에서 냉각가스가 빠르게 새어나왔다. 너무나 순식간에 일어난 일이었다. 가스가 새어나와 내 팔을 녹이고 있었다. 하지만 나는 그 순간 가스통 밸브를 놓지 않았다.

'이 새어나오는 가스 때문에 청소일이 잘못되면 안 돼. 이 일 못하게 되면 안 돼. 내 계획이 물거품이 되면 안 돼.'

나는 호스를 계속 잡았다. 그렇게 3초라는 시간이 흘렀다. 가까스로 새어나오던 가스는 서서히 힘을 잃어가며 멈췄다. 나는 그 자리에 주저앉았다. 그제야 팔의 아픔이 느껴졌기 때문이다. 주변 동료들은 괜찮냐며 내게 몰려들었다. 나는 괜찮다고 말하며 다시 광 기계의 손잡이를 잡았다. 하지만 동료들은 지금 그럴 때가 아니라며 응급조치를 해야 한다며 나를 데리고 가려 했다. 나는 일을 끝내야 된다며 한 사코 빗자루를 잡았다.

그 때 JONE이 내 손을 붙잡고 화장실로 데리고 갔다. 그는 내 화상 입은 왼팔을 흐르는 찬물에 대면서 지금은 안 아프지만 서서히 아플 것이라며 계속 안정을 취해야 된다고 조언했다. 시간이 지나자 팔이 점점 빨갛게 달아올랐다. 하지만 청소를 못 마치고 온 것이 마음에 걸렸다. 나는 다시 광 기계가 있는 곳으로 갔다.

내 사고를 알게 된 스토어매니저 바스가 급하게 출근하며 내 안부를 물었다. 그는 JOHN에게 사고경위를 듣고 있었다. 그러는 와중에도 나는 청소를 끝내려고 했다. 스토어매니저가 내가 청소를 못한다는 것을 알면 나에게 청소 일을 맡기지 않을 것이라는 생각이 들어서다. 그런 나를 보며 바스는 오늘 일은 끝났으니 일하지 말라고 말했다.

나는 '괜찮다. 일할 수 있다. 별로 안 아프다.' 반복하며 청소 기구를 들었다. 하지만 이미 내 팔은 만신창이가 되어 있었다. 내 의지와는 상관없이 청소도구는 내 팔에서 힘없이 떨어졌다. 나는 간절하게 '나 안 아프다. 나 일할 수 있다.' 라고 바스에게 말했다. 왜 그랬을까? 아팠는데……. 팔이 녹아들어갈 정도의 상처를 입었으면서 나는 왜 일할 수 있다고 말했을까?

호주, 그곳에 나를 두고 오다

워크커버에 대해 알게 되다

나는 캐쉬 잡(세금을 내지 않고 돈을 받는 일)을 했는데 과연 치료비를 지원받을 수 있을까? 호주의 노동자로서 인정받을 수 있는 걸까? 지원을 못 받으면 그 비싼 호주 의료비를 내야 된다는 생각 때문에 만감이 교차했다. 안절부절 못하는 내 모습을 본 바스는, 너 돈 낼 필요 없다고, 혹시나 문제가 있으면 내가 다 해결해 주겠다고 말했다. 그러니 걱정 말고 병원에 빨리 가자는 바스의 설득으로 나는 그와 함께 병원에 갔다.

콥스하버 응급실은 30분 정도 떨어진 곳에 있었다. 바스는 내가 택시 타는 것을 주저하는 모습을 보고 직접 나를 데리고 가 병원 수속을 도와줬다. 그 짧은 동안에도 내 팔은 점점 검게 변해가고 있었다. 딱

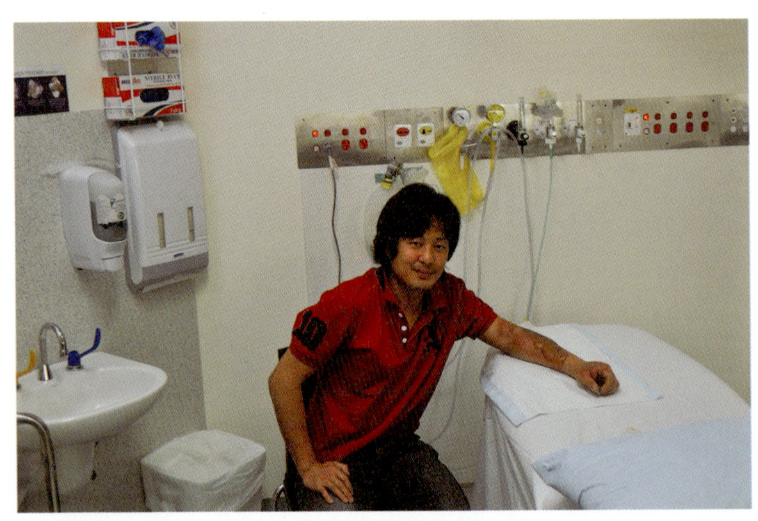

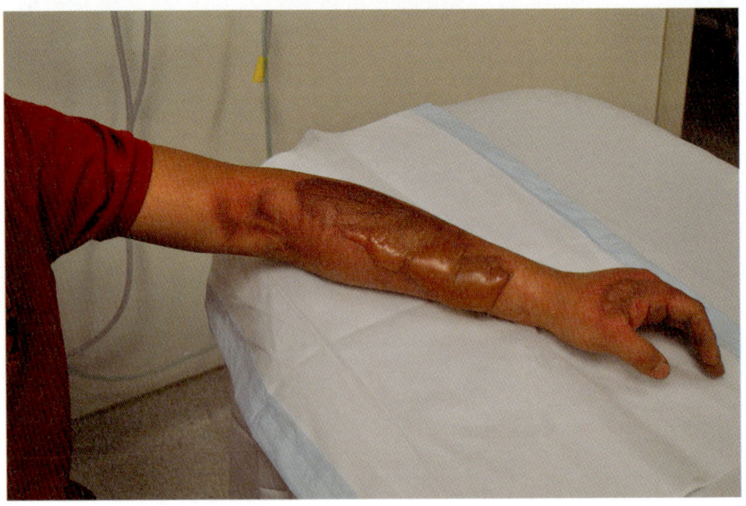

호주, 그곳에 나를 두고 오다

딱해진 내 팔은 눌러도 아무런 감각을 느낄 수 없었다. '내일 일은 어쩌지?' 하는 생각만 가득했던 나는, 그제야 겁이 덜컥 났다.

'팔을 못 움직이면 어쩌지? 영영 감각이 느껴지지 않으면 어쩌지?'

그 순간 한국에 계신 부모님이 떠올랐다. 당신 몸이 아프셔도, 쉬는 날 없이 세탁소 일을 하시던 부모님이 너무 보고 싶었다. 나보다 더 아파하시겠지? 정신 차리자!

다행히 이번 사고는 엄연히 직장에서 벌어진 사고이기 때문에 호주 워크커버에서 보험처리를 받을 수 있었다. 치료비도 100퍼센트 보험 적용이 되었다. 간혹 한국인 고용주가 노동자의 워크커버를 들지 않아서 보험처리를 못 받는 경우가 있지만, 내가 일하는 한국인청소회사는 다행히 보험에 가입되어 있어 100퍼센트 적용이 가능했던 것이다. 그리고 더욱 다행인 것은 내가 일을 못하는 사이에도 어느 정도의 생활비가 지원되는데, 본인 임금에서 적게는 30프로, 많게는 전액이 지원된다는 것이다.

바스는 이러한 사실을 전하며, 걱정 말고 치료에만 전념하라고 내 걱정을 덜어주려 했다. 나를 진찰한 의사는 팔의 상처를 최소 한 달간은 지켜봐야 될 것 같다며 진단을 마쳤다. 내 팔은 붕대가 감겨졌고, 치료 과정을 지켜보는 이들은 연신 '너무 아플 것 같다'고 말했다.

사실 나는 팔에서 전해지는 아픔을 느낄 여유가 없었다. 왜 내가 이런 사고를 당해야 하고, 이런 상황에 처해야만 하는지에 대한 원망이 컸기 때문이다. 울분을 토해낼 대상은 없고, 그저 하늘이 원망스러울 뿐이었다.

바스는 내가 살고 있는 집까지 데려다 주었다. 그날 같이 살고 있는 인도 친구 프레딕, 그렉 아저씨, 몰리 아주머니께서 나를 위로해 주었다. 그나마 얼굴을 다치지 않았고, 이만하길 천만다행이라고 했다. 그리고는 왼팔을 못 써서 불편한 내가 늦은 저녁식사를 할 수 있도록 도와줬다.

그날 저녁 잠자리에서 나는 붕대에 감긴 내 팔을 쓰다듬으며 생각했다.

'한국에서 이 흉측한 상처를 가지고 살아갈 수 있을까'

호주, 그곳에 나를 두고 오다

시드니에서 변호사를 만나다

붕대 안에서 화상 물집이 출렁였다. 풍선을 팔에 달고 다니는 느낌이 들 정도로 화상 물집은 크기가 컸고, 나아질 기미는 보이지 않았다. 진통제를 맞고 멍한 상태에서, 하루 온종일 붕대로 똘똘 감긴 팔만 바라보고 있자니 너무 억울했다. 이 사고에서 나의 과실은 없었다. 광 기계에 달린 가스통이 불량이었다.

'그래! 가스회사를 고소하자. 최소한 그들에게 잘못했다는 이야기라도 듣자!'

수임료가 많이 나올 것이라는 지인들의 우려도 있었지만, 억울한 마음을 가지고 살고 싶지 않았다. 최소한 내 실수로 인해 벌어진 사고가 아니며, 가스통 불량으로 인해 잘못된 것이라는 이야기를 하고 싶었다. 그렉 아저씨와 몰리 아주머니는 실제로 고소가 가능하다고 말을 하며 힘을 북돋아줬다.

그런데 뭘 어떻게 해야 될지 막막했다. 나는 법적으로 아는 것이 없었다. 수소문 끝에 한국인이 운영하는 사이트 내 변호사에게 내 상처를 찍은 사진 파일을 첨부해 이메일로 보냈다. 그러자 두 군데에서 연락이 왔다. 한 군데는 호주인 변호사였고, 한 군데는 한국인 변호사였다. 몸이 다치니 한국이 그리웠고, 한국인 변호사에게 먼저 연락했다. 한국인과 한국어로 속 이야기를 하면서 눈물을 흘렸다. 그는 지금 내 상처를 봤을 때 약 10만 불도 보상받을 수 있다며, 빠르면 빠를수록 좋으니 내일 당장이라도 시드니 사무실로 내방하길 바랐다.

'한국인을 믿지 말라고 말은 하지만 실제로 한국인이 한국인을 믿지 않고 어떻게 하겠어? 그래 믿자. 법을 앞세우는 사람인데 설마 나를 속이겠어?'

호주인 변호사에게도 계속 연락이 왔지만 나는 답을 하지 않은 채 한국인 변호사가 있는 시드니로 가겠다고 주저 없이 결정을 내렸다. 다른 무엇보다 내 답답한 속마음까지 들어줄 수 있는 한국인 변호사에게 더더욱 마음이 갔던 것이다. 사실관계만 사무적으로 물어보는 호주인 변호사에게는 약간의 거부감이 들었던 것도 사실이다.

그렇게 나는 호주를 알게 된지 6년 만에, 왼팔에 붕대를 감은 채 시드니를 방문하게 된다.

호주, 그곳에 나를 두고 오다

Are you still work in here?

콥스하버에서 시드니로 가는 방법은 국내선 항공, 트레인, 버스가 있었다. 나는 예전부터 장거리 기차여행을 꿈꾸었던 지라 트레인을 선택했다. 트레인을 타고 가는 동안 창밖으로 스치는 풍경은 호주의 자연이 극찬받는 이유를 제대로 보여주었다. 호주 내 SK텔레콤이라 할 수 있는 '텔스트라'도 몇 개의 정차 역을 지나자 신호가 끊겼다. 호주의 땅덩어리가 넓음을 다시 한 번 실감했다. 그렇게 트레인을 타고 10시간 정도 지나고서야 시드니 역에 도착할 수 있었다.

감회가 새로웠다. 시드니도 못 가본 호주 워홀러는 드물었다. 호주의 랜드마크인 오페라하우스가 있고 세계 3대 미항(美港)중 하나인 시드니 항이 있는 시드니. 그런데 팔이 만신창이가 된 채로, 변호사 사무실이 있다는 이유로 찾게 되었으니 만감이 교차했다.

시드니는 생각했던 것 이상으로 분주했다. 그동안 조용한 지역에만 있어서 더욱 그렇게 느껴졌는지도 모르겠다. 출근시간이라고 보기에는 이른 시간임에도 모든 이가 앞만 보며 빠르게 걷고 뛰고 있었다. 그동안 내가 접했던 '평화롭고 여유로운' 호주의 모습과 달랐다. 다소 어리둥절하게 서 있던 나의 어깨를 누군가가 살짝 건드렸다.

시드니에서 대학원 생활을 하고 있는 명진이가 마중나온 것이다. 명진이는 내 상처를 보고 쉽게 말을 잇지 못했다. 한참을 바라보다 '잘 나을 거다' 라고 말했다. 그리고는 내가 혹시나 사기를 당하진 않을까 걱정된다며, 변호사 사무실에 같이 동행하겠다고 했다.

"명진아! 내가 설마 사기 당하겠나? 그래도 나름 호주 책 두 권이나 낼 정도로 호주를 많이 알고 있는 사람인데!"

"형! 시드니는 형이 있었던 곳이 아니에요. 솔직히 저 여기에서 개 같은 새끼들 얼마나 많이 봤는데요. 저 3년 있으면서 한국새끼들 안 만나요. 왜 그러겠어요."

"그래! 알았다. 뭐 내가 길치니까 안내도 받을 겸 같이 가자. 사무실 주소는 가지고 왔는데 어디가 어디인지 알아야 말이지."

그렇게 우리 둘은 변호사 사무실이 있는 건물로 함께 갔다. 그런데 뭔가 이상했다. 건물 외벽은커녕 건물 내 로비에서도 변호사 사무실

호주, 그곳에 나를 두고 오다

← Monorail/Tram Station
← Sydney Wildlife
En+-
Powerhouse Museum →
Centre →
← Cockle Bay Wharf
← Harbourside
← Aquarium
← Maritime Museum

189

간판은 보이질 않았다. 최소한 작은 표시라도 있을 법한데, 어느 하나 찾을 수가 없었다. 나는 의아함을 뒤로 하고 일단 한국인 변호사에게 전화를 걸었다.

"안녕하세요. 강태호입니다. 저 지금 여기 도착했는데 어디에 계시죠?"

"아, 벌써 왔어요? 잠시만요. 1층에 있나요? 제가 잠시 나가있어서…… 금방 갈게요."

"형! 왠지 냄새가 나는데? 정신 바짝 차려요. 제가 계속 있을 수는 없어요. 저 곧 아르바이트 가야 돼요."

스멀스멀 불안감이 엄습했다. 아니야! 설마! 팔 다친 나를 두고 사기를 치겠어? 고개를 저으며 긍정적으로 이 상황을 받아들이려 했다. 몇 분 후 변호사가 도착했다. 전력질주라도 한 것처럼 숨을 헐떡였고, 뭔가 바빠 보였다. 그는 사무실로 올라가자며 엘리베이터를 탔다. 그러면서 붕대로 감긴 내 팔을 보면서 움직이기 불편한지, 감각은 있는지 등 이것저것 따져 물었다. 나는 치료를 잘 받아서 그런지 생각 외로 금세 나을 것 같다고 답했다. 그러자 그는 얼굴을 찡그렸다. 그 모습이 마치 생각한 것보다 많이 안 다쳐 아쉬워하는 것처럼 보였다.

도착한 그의 사무실은 정상적으로 보이질 않았다. 전용 사무실이라기보다는 얹혀 사는 느낌의 사무실이었다. 그는 의심의 눈초리를

호주, 그곳에 나를 두고 오다

느꼈는지 지금 이사 때문에 사무실이 많이 어수선하다고 했다. 그리고는 30분 후 법률변호사가 올 것이라고 했다. 명진이는 아르바이트를 가야 된다며 먼저 일어서며 내게 잠시 나갔다 오자고 말했다.

"형, 조심해요. 왠지 느낌이 안 좋아! 형 아르바이트 끝나고 바로 연락할게요. 왠지 꾼 냄새가 나요."

명진이와 헤어지고 변호사와 같이 법률변호사를 만나러 갔다. 그곳은 걸어서 10분 정도 걸리는 곳에 위치한 건물이었다. 건물로 들어서는데 그곳에서 나오던 호주인 변호사가 아는 체를 했다. 안부 인사를 주고받는 둘은 워낙 빠른 말로 대화를 해서 모두 알아들을 수는 없었지만, 호주인 변호사가 던진 한마디가 내 귀에 또렷이 들렸다.

"Are you still work in here?"

Korea! Korean! Korean lawyer!

미리 약속을 했다고 했지만 나와 변호사는 약 한 시간 정도 기다려야 되었다. 나는 머릿속이 복잡해졌다.

'왜 이 사람이 변호사인데. 호주인 변호사를 또 만나야 되지? 그리고 왜 still이라는 단어를 쓰지? 아직까지 여기에서 일하냐는 이야기는 뭔가 이상하잖아.'

뭔가 물어보고 싶었지만 호주 법을 제대로 알지 못한 상태에서 내가 어떤 것을 어떻게 물어봐야 될지 몰랐다. 왠지 친구들의 조언이 생각났다. 변호사 수임료가 더 나올 것이라는 이야기. 안되겠다. 뭔가 내 의사를 전달해야겠다.

"변호사님, 죄송한데 수임료는 어느 정도 나오죠? 그리고 왜 변호사님이신데 법률변호사를 찾아온 거죠?"

"아, 제가 말씀을 안 드렸네요. 원래 호주에서는 이런 사건에 변호사 두 명을 써야 되요. 한 명은 법조인 형식으로 써야 되고, 한 명은 보조 형식으로 해야 되죠. 그리고 지금 변호사는 상해 쪽을 잘 아는 변호사라서 어느 정도 보상이 나온다는 것을 예측할 수 있고, 그것에 따라서 수임료가 어느 정도 나올지 나와요. 그러니 걱정하지 말고 기다리세요."

"아 그래요? 예! 정말 제가 돈이 없어서요. 아무래도 수임료가 예상보다 많이 나오면 고소가 힘들 것 같아서요."

"사실 그래요. 지금 상처가 생각보다 깊지 않아서 돈이 거의 안 나올 것 같아요. 보통 이런 경우 변호사 수임료로 5만 불 예상하는데……. 상처가 신체등급 15프로 이상일 때는 보상금액으로 10만 불 이상 책정할 수 있어요. 그런데 지금 상처를 보니 10프로가 안 될 듯 싶어서 걱정이네요."

"아 그럼 보상 자체를 못 받는 건가요? 저 정말 억울해서요. 제가 잘못한 것도 아니고 사고인데……. 그리고 평생 이 상처를 안고 살아야 되는데 아무런 보상을 못 받는다는 것이 너무 억울하잖아요. 변호사님, 제가 솔직히 돈은 없지만, 도움을 받게 되면 최소한 많은 사람한테 소개시켜줄 수는 있어요. 제가 호주 책을 두 권 집필해서 많은 워홀러들을 알고 있거든요. 그들에게 소개 많이 시켜드릴게요."

변호사의 얼굴이 미묘하게 바뀌었다.

"책이라고요? 무슨 책을 썼는데요."

"아 부끄럽지만 6년 전에 제가 영어를 못해서 같은 동족한테 사기 당한 이야기에요. 한국에서는 꽤 반응이 좋아서 강연도 나가고 그랬어요. 여기 책 있어요."

그는 책을 훑어보더니 안색이 어두워졌다. 낯빛을 확인하며 나는 쐐기를 박듯 덧붙였다.

"제가 호주에서는 아무것도 아닌 놈이에요. 하지만 한국에서는 최소한 저를 사기 치는 사람은 매장시킬 수 있는 힘은 있어요."

그는 당황해 하는 표정이 역력했다. 정적감이 흐르고 몇 분 뒤 법률변호사가 도착했다. 그는 호주인이었는데, 그가 말하는 수없이 많은 법률언어들은 알아들을 수 없었다. 하지만 결론적으로 그의 말을 정리하면, 내 상처가 15프로 장애로 보기에는 너무 경미하여 많은 보상을 받을 수 없다는 것이다.

한 시간을 기다려 30분의 면담을 가지고 나오는 길에 한국인 변호사에게 말했다.

"아무래도 수임료가 더 나오겠네요."

"아 이거 미안해서 어쩌나 제가 괜히 시드니까지 오라고 해서……."

"아니에요. 저 때문에 고생하셨는데요. 시드니 관광 온 셈치죠,

호주, 그곳에 나를 두고 오다

뭐. 감사했습니다.”

그렇게 변호사와 헤어졌다. 그동안 꺼놨던 전화기를 켰다. 10통의 부재중 전화가 와 있었다. 호주인 변호사한테 온 전화였다. 통화를 안 하면 계속 전화가 올 것 같아서 그와 통화했다.

“상처가 경미하여 수임료가 예상보다 많이 나올 것 같아서 소송 포기합니다.”

그런데 수화기 너머로 호주인 변호사의 격앙된 목소리가 들렸다.

“누가 수임료를 내야 된다고 하나요? 워크커버에 대한 사고는 국가가 변호사한테 수임료를 주기 때문에 큰 보상금을 받지 않는 이상은 변호사에게 수임료를 낼 의무가 없어요. 즉 수임료 걱정 안 해도 돼요. 그런데 누가 그런 말을 해요?”

붕대 감긴 팔을 쓰다듬으며 나는 울분을 담아 내씹듯 답했다.

“Korea, Korean, Korea Lawyer”

전 세계에 차이나타운이 생기는 이유!

아르바이트를 끝내고 온 명진이와 술자리를 가졌다. 화제는 단연 변호사와의 만남. 이후의 얘기를 전해들은 명진이는 그럴 줄 알았다는 투로 말했다.

"형, 제가 그랬죠. 저 솔직히 호주 와서 한국 놈들 안 만나요. 여기 호주에서 같은 동족이라고 믿었다가 사기당한 사람들 얼마나 많은지 알아요?"

"정말 어이가 없다. 어떻게 이럴 수가 있냐. 세상에 다친 사람한테…… 다친 사람한테 이러는 경우가 어디 있냐. 최소한 인간이라면! 만약 내가 협박 아닌 협박을 하지 않았다면 그 새끼 나 사기쳐먹었을 거 아니야."

"그래도 호주인 변호사를 만났으니 다행이라고 생각하세요. 다른 사람들은 돈만 떼이는 경우가 많은데 형은 운 좋은 거예요. 저는 이곳 시드니에 와서 중국사람, 일본사람 만나지 한국사람 안 만나요. 형도 시드니에 계속 있지는 않겠지만 어디를 가든 쉽게 한국사람 믿지 마요."

한국인이 한국인을 믿지 말라고 하는 이 현실……. 물론 알고 있었다. 하지만 설마 다친 사람한테까지 이렇게 할 것이라고는 생각지 못했다. 믿어지지 않았다. 믿고 싶지 않았다. 오늘따라 유독 술이 잘 들어간다. 축구 국가대항전 때는 모두 붉은 악마가 되어 단일민족임을 절실히 느끼게 되건만…… 왜 외국에 오면 그들은 다른 나라 사람들보다 더 못 믿을 사람이 되는 걸까?

많은 한국인들이 중국인을 '떼놈', '짱골라'라며 비하한다. 하지만 그들은 최소한 자기 민족에게 사기를 치진 않는다. 하지만 우리나라 사람들은 '사돈이 땅을 사면 배가 아프다'는 속담이 왜 나왔는지 증명이라도 하려는 것 같다. 동족이라고 믿어주는 이들에게 의지처가 되기보다는 자기 잇속을 채우기 위해 동족이라는 점을 악용하려 한다.

한국 인천에 차이나타운이 있는 것처럼 호주에도 도시 곳곳에 차이나타운이 있다. 이렇게 호주 곳곳에 차이나타운이 생긴 이유는 뭘까? 중국인 비즈니스맨이 레스토랑을 운영한다고 하자. 중국 교민들은 비싸더라도 그 레스토랑에 간다. 레스토랑은 호황을 맞고 비즈니스맨은 사업비자로 시민권을 얻는다. 이 성공적인 전철을 밟고자 또 다른 비즈니스맨이 중국에서 호주로 온다. 레스토랑 주인은 그 비즈니스맨이 성공적으로 정착할 수 있도록 물심양면으로 돕는다. 중국 교민들 역시 다시 한 번 힘을 모은다. 그리고 또 정착에 성공한다. 이렇게 차이나타운은 형성된다.

전 세계 어디에도 차이나타운이 형성 안 된 곳은 없다고 이야기할 정도로 중국인들의 단합은 존경받을 만하다. 단순히 인구가 많아서 차이나타운이 형성된 것일까? 만약 한국인 비즈니스맨이 레스토랑을 열었다고 가정해보자. 코리아타운이 형성됐을까? 누군가를 짓밟아야 내가 일어설 수 있다는, 경쟁에서 살아남아야 된다는 생각만 가득한데 그런 일이 어떻게 일어나겠는가.

호주, 그곳에 나를 두고 오다

형! 저는 호주에 있으면 행복하지가 않아요

형! 요즘 호주영주권 가치가 얼마인지 알아요? "무슨 이야기야? 호주영주권 가치라니?"

"이곳 호주 한인사회에서 이야기하는 영주권 가치라는 것이 있어요. 정말 어이가 없게도 100만 불이에요, 영주권 가치가!"

"100만 불이면 1달러를 1200원으로 치면 12억 원이라는 이야기야? 뭐 그렇게 비싸?"

"물론 올랐죠. 한국새끼들이 이곳에서 한다는 짓이 그런 짓이에요. 호주에 살면 좋다고 과장광고 올리고 가치를 뻥튀기하는 거죠. 그러면 한국 사람들 아시죠? 냄비근성. 열탕, 냉탕 오고가는 냄비. 아주 제대로 열이 올라요. 호주 영주권 따고 싶어서! 영주권 따게 해준다

고 하면그냥 냅다 물어요."

"아니 뭘 냅다 물어? 어떤 식으로 사기를 치는데?"

"형이 더 잘 아시잖아요. 457비자, 개목걸이 비자요. 애들 고용한
다고 하고 투자개념으로 몇 만 불 내라고 하고 사기쳐먹는 거죠. 점

호주, 그곳에 나를 두고 오다

점 영주권 가치가 높아질수록 돈 벌기가 편해지거든요. 돈 받는 것 가지고는 솔직히 저는 뭐라 말 안 해요. 그런데 이 자식들의 문제는 영주권 받기 전에 잘라버린다는 거죠.”

개새끼들! 나도 모르게 욕이 새어나왔다. 들어본 적 있다. 호주에서 457비자를 악용해 노예처럼 부려먹다 2년 되기 전에 자른다고 한다. 그리고 그와 비슷한 방식으로 다른 사람들을 고용한다. 그들의 대부분은 한국의 삶을 포기하고 모든 것을 다 걸고 온 사람들인데……

“너 그런데 이번에 여기 대학원 졸업하면 호주에서 살 거냐?”

“아니요. 저 호주 정말 싫어요. 아니 호주가 싫다기보다는 이곳에서 만난 한인들이 싫어요. 제가 호주에 살게 되면 아무리 부딪치기 싫어도 한국인하고 같이 더불어서 살아야 되잖아요. 형! 저는 친구들 있는 한국이 좋아요.”

취기가 올라왔다. 명진이와 헤어지고 나는, 모든 이들이 호주를 오면 방문하는 그 곳, 시드니 오페라하우스로 갔다. 세계적인 건축물 앞에 삼각대를 두고 사진을 찍었다. DSLR의 우수함을 증명이라도 하듯 사진엔 멋진 경관과 함께 내 모습이 뚜렷하게 담겼다. 화려한 도시에 콕 박혀 있는 내 모습이 이질적으로 느껴졌다. 오늘따라 가족이 그립다. 오늘따라 맥주 몇 캔과 마른 오징어 찢어먹으며 수다 떨던 친구들이 그립다.

나, 잘 지내……

———— "엄마! 나 태호! 잘 지내고 있어? 아버지는 요즘도 술 자주 드셔?" 깊은 한숨 소리가 들렸다. 무슨 일이 있다. 분명 집안에 무슨 일이 생겼다. 수화기를 잡은 내 손엔 긴장으로 힘이 들어갔다.

"아버지. 알콜성 치매 걸렸대."

"무슨 말이야? 알콜성 치매에 걸리다니?"

"술을 많이 먹어서 뇌 세포가 서서히 죽어 치매로 진행된다는 거야."

"아니 갑자기 무슨 알콜성 치매야? 치료 방법은 없대? 지금 그럼, 손 쓸 방법이 없는 거야? 그리고 술은 지금 안 드시는 거구?"

"지금은 안 먹지. 술을 안 먹으니 조금씩 나아지는 것 같고, 이제 조금씩 지켜봐야지. 우리들은 걱정하지 마! 그런데 아들……무슨 일

있어? 갑자기 전화를 다 하고……."

사실 말하고 싶었다, 나 사고가 났다고……. 누군가에게 위로받고 싶었다. 특히 가족이 그립다고, 엄마 품이 그리운 막내 아들이 되어 투정부리고 싶었다. 하지만 차마 말을 꺼내지 못했다. 잘 지내고 있으니 걱정하지 마라, 별일 없다고 웃음으로 넘겼다.

수화기 너머로 아버지의 음성이 들린다. 아버지는 청각장애를 가지고 있어 사람의 입 모양을 봐야 대화가 가능하다.

"태호야! 아빠 바꿔줄 테니 목소리만 들어."

"태호니! 아빠야! 이제 술 안 먹는다. 밥도 잘 먹고 있고, 잘 지내야 돼. 몸 건강하고 알겠지?"

"응. 나, 잘 지내……."

아버지

———— 단기 기억상실증을 아시나요? 영화 〈내 머리 속의 지우개〉, 〈메멘토〉, 〈첫 키스만 50번째〉를 떠올리면 쉽게 와 닿을 것이다. 단기 기억상실증은 치매의 초기증상이다. 일반인이 영화가 아닌 곳에서 치매를 경험하기란 쉽지 않다. 그것도 한창 젊은 나이일 때는 더욱 그러하다.

나는 2002년에 도봉노인복지관에서 치매 노인 분들의 인지치료를 한 적이 있는데 그때 이를 경험했다. 인지치료라 함은 노인들의 기억력을 되살리는 프로그램으로, 예전의 사소한 기억을 되살려냄으로써 두뇌활동을 촉진시켜 더 이상 증세가 진전되는 것을 예방하는 것이다. 거창한 매뉴얼이 있는 건 아니었다. 그 당시 내가 했던 수업은 단순했다. 흥부와 놀부를 읽어주면서 그 당시의 삶을 생각해 보라든지, 몇 가지 그림을 제시하면서 이것에 대한 추억을 이야기해 보라든지 등 간단한 주제로 수업이 이루어졌다.

치매 노인 분들은 1년 동안 수업을 들었지만 내 이름을 기억하지 못했다. 단지 책 읽어주는 선생님으로만 인지했다. 그분들은 이야기 도중 멍하니 하늘을 보기도 하고, 초점 없는 눈으로 어딘가를 주시하거나 책 이야기에 심취하여 자신의 이야기를 꺼내기도 하는 등 여러 가지 행동으로 나를 당황하게 만들었다.

몇몇 이들은 인지치료에 회의적이었다. 어차피 기억도 못할 수업, 산책, 나들이 등은 뭣 하러 하냐고 말하는 사람도 있었다. 사실 그들의 말이 맞을 수도 있다. 실제로 복지관의 주최로 제주도나 동해안 일대를 2박 3일에 걸쳐 구경시켜드린 적이 있지만 그날을 기억하는 분들은 없었다. 하지만 당시 내가 그분들 옆에서 느꼈던 바는, 그들은 순간의 행복을 먹고 산다는 거다.

아버지가 단기 기억상실증이 진행되고 있고, 심하면 2년 후 일부를 제외한 모든 기억을 잃을 수 있다니……. 출국 전날 본 아버지의 모습이 떠올랐다. 미등을 켜놓은 채 앨범을 뒤적이고 계시던 뒷모습이 눈앞에 그려지는 듯했다. 아버지는 청각장애가 생긴 이후로 좋아하는 영화도 보지 못하셨고, 가족과의 대화도 답답하게 이어지는 걸 못견뎌하셨다. 그 때부터였던 것 같다. 반주삼아 드셨던 술이었는데 점점 드시는 횟수가 잦아지셨다. 예전 추억이 그리우신지 앨범을 자주 꺼내보셨다. 앨범 속 사진을 꺼냈다, 넣었다 반복하며 당시를 추억하셨다.

아버지와 마주보며 따뜻한 말 한마디 건네고, 손 한번 잡아드릴 것을……. 가족들의 무관심이 아버지의 병을 키운 건 아닐까 싶어 죄스러웠다.

호주, 그곳에 나를 두고 오다

2001년 과거의 나는……

아버지는 내가 처음 호주워홀을 결정했을 때 반대하셨다. 아버지는 자식들이 크게 성공하는 것보다 그저 큰 사고 없이 건강하게 살길 바라신다. 아버지는 항상 가족이 화목해야 된다고 말씀하셨다. 그런데 가족을 떠나 외국에서 객지 생활할 자식이 싫으셨던 거다. 그래도 자식이 원한다니, 그래야 행복하다고 하니 허락하셨다. 첫 번째 호주워홀을 다녀오고, 고생한 아들 때문에 나보다 더 아파하셨던 부모님. 두 번째 호주워홀을 결정하고 아버지의 반대를 각오했다. 그런데 아버지는 자식이 행복을 위해 정한 여정에 반대할 수 없다며 내 편이 돼주고 이해해주셨다. 마음으로 해주시는 응원이 느껴졌다. 그러다 발견했다. 짐을 정리하다 캐리어 안쪽에 들어 있던 아버지의 편지를…….

'사랑하는 우리 막내 아들. 어딜 가든지 몸 건강하고, 절대로 이번엔 카지노 가지 말어.'

아! 아버지! '카지노'라는 단어에 모든 염려가 담겨있는 것 같아 눈물이 났다. 아버지 기억 속에 작은 아들의 모습이 카지노에 중독된 자식으로 남아 있는 것 같아, 너무도 큰 불효를 저지른 듯싶어 하염없이 눈물이 나왔다. 사실 이번에도 필리핀에 있는 카지노를 몇 번 갔던 건 사실이다. 가볍게 생각했었는데…… 아버지를 뵐 면목이 없었다. 아마도 화상 입은 내 팔을 보신다면, 아버지는 당신 탓을 하시며 한숨도 못 주무실 것이 분명하다. 당신의 잘못이 아닌데도 자식이 잘못되면 모두 당신 탓하는 부모님……. 막내가 할 수 있다는 것을 보여드리고 싶었다. 더 이상 걱정 끼쳐드리고 싶지 않았다.

생각해봤다, 한번이라도 부모님께 내가 자랑스러웠던 적이 있었던가? 그때 불현 듯 스치는 기억이 있었다. 한쪽 팔이 꺾인 장애인 한 분이 내 첫 책인 '봉사 수기집'을 들고 찾아온 적이 있었다. 우리 이야기를 써줘서 고맙다고 했었다. 그 책은 전국에 채 100권도 팔리지 않은 책이다. 나는 그 수치를 생각하면 다소 창피하기까지 하다. 하지만 아버지는 그 당시에도 지금도 그 책을 자랑스러워하신다. 3만 권 이상 팔렸다 집계된 호주 책보다 더 자랑스러워하신다. 비록 가난해도 요행을 바라지 않고 정직하게 사셨던 아버지는, 누군가에게 따뜻함을 전해준 아들이 자랑스러우신 거다.

호주, 그곳에 나를 두고 오다

집 렌트를 시작하다

팔 부상을 당하고 난 뒤 내 후임으로 온 한임수는 열정으로 똘똘 뭉친 울산 사나이였다. 그런데 문제가 발생했다. 콥스하버에 임수가 지낼 방이 없다는 것이다. 곧 스쿨홀리데이도 시작되어 몰리 아주머니 아들이 오게 되고 연말이 되면 손님들이 많이 찾아와서 임수에게 방을 내주지 못한다는 것이다.

차마 내 알바 아니다, 네가 알아서 혼자 나가 살라고 할 수 없었다. 임수는 콥스하버 청소 일이 호주에 와 처음 맡게 된 일이었다. 그가 느꼈을 그 느낌, 호주에 와서 의지할 이 없이 내쳐지는 느낌은 6년 전 내가 한국 사람에게 사기 당했을 때 느꼈던 느낌과 크게 다르지 않을 것 같았다. 나도 아버지처럼 비록 얼마간의 손해를 보더라도 마음만

은 부자이고 싶었다. 그래서 임수와 함께 살 수 있는 집 렌트를 결정했다.

근처 부동산을 뒤졌다. 아무래도 나 역시 언제 떠날지 모르는 상황인 상태라 좋은 집보다는 실용적인 집을 구하기로 했다. 여러 가지선택할 수 있는 집이 많았다. 하나는 방 2개의 2층집으로 수도세는나오지 않으며 가격은 주당 250불이었다. 전기세를 포함해 어림잡아계산해보면 한 사람당 주당 150불 정도 나오게 된다. 그런데 걸리는점이 있었다. 집 렌트를 하게 되면 4주 보증금을 부동산에 내야 되고

6개월 이상 살지 않으면 4주치 방값을 못 받는다. 더군다나 집에 문제라도 있을 시 수리비 및 청소비를 요구한다. 주당 200불 정도면 모를까 그런 조건에 주당 250불은 너무 부담스런 금액이었다.

나와 임수의 상황에 맞는 집을 찾기 위해 부단히 노력했다. 그리고 찾게 된, 내 명의로 처음 계약한 집! 그 집 가격은 주당 175불이었다. 비록 전기세, 수도세가 따로 나오지만 가격적으로 꽤나 메리트가 있는 곳이었다. 비록 렌트였지만 내 집 장만이라는 기분이 이런 것일까? 쉐어를 하고 내 방을 꾸밀 때와는 전혀 다른 기분이 들었다.

호주, 그곳에 나를 두고 오다

하나하나 가구와 생활기기를 사들였다. 살림살이를 조금씩 마련해 놓으니 꽤나 아늑하고 근사해 보였다. 더군다나 걸어서 5분 거리에 파크비치가 형성되어 있었으며, 집 옆으로는 작지만 실내수영장이 있어 언제든지 수영이 가능했다. 가구 가격, 보증금, 전기세 등을 계산하니 약 1800불 정도 지불하면 되었다. 임수에게는 주당 130불을 받기로 결정했다. 6개월 렌트를 한다고 가정할 때 그 정도 금액이 합리적이었다. 그 정도면 주당 150불을 내고 쉐어를 했을 때와 생활비가 비슷했다.

그렉 아저씨와 몰리 아주머니가 짐 옮기는 걸 도와주셨다. 다행히도 우리가 살게 될 집의 거리가 멀지 않아 왕래가 가능했다. 그렇게 나는 제2의 콥스하버 보금자리를 갖게 되었다.

평화로움 혹은 지루함

일은 할 수 있었다. 하지만 호주인 변호사는 되도록 심신의 안정을 취하며 호주보험회사에서 지급받는 생활비를 받으면서 생활하라고 조언했다. 호주 시스템상 바로 보험금 처리가 되지는 않지만, 주급으로 받는 1000불의 80프로를 받을 수 있다고 이야기했다. 하지만 일개미로 살아왔던 사람이 일을 하지 않으니 답답하고 몸이 쑤셨다.

그 때 청소회사에서 급하게 일손을 찾았다. 주당 급료는 700불이었고 일요일은 쉬는 조건이었다. 청소 쪽으로는 꽤나 파격적인 대우였다. 더군다나 빨리 서둘러 5시간 정도면 충분히 청소를 끝낼 수 있는 곳이었다. 망설여졌다. 이 일을 하게 된다면 불법적으로 일을 하

게 되는 것이다. 하지만 나는 끝내 수긍하고 말았다. 목화농장으로 유명한 달비Dalby라는 지역으로 떠난 건, 집 렌트 계약 후 하루도 안 지났을 때였다.

달비는 게톤에서 얼마 떨어지지 않은 내륙지방이었다. 게톤은 6년 전 내가 야반도주를 한 아픈 기억이 있는, 양파공장으로 유명한 곳이다. 달비 또한 아픈 기억을 남길 것 같은 예감이 들었다. 달비는 파리가 밟혀죽을 정도로 많았고, 더위는 상상을 초월했다. 그리고 전반적으로 한국인을 무시하는 정서가 만연했는데, 백호주의 때문이었다.

실제로 이곳으로 온 친구들 대부분이 3개월 이상을 버티지 못하고 다 떠났다고 한다. 주당 700불이라는 파격적인 금액을 주는 것도 그래서였다.

도착한 숙소는 내가 렌트한 집보다 1.5배는 컸다. 그곳에 홀로 묵는 워커가 있었다. 그 친구는 집안에 급하게 일이 생겨서 귀국하게 되었단다. 그는 힘들어하는 모습이 역력했다. 다른 무엇보다 외로움을 못 견디겠고, 꼬집어 말할 수 없지만 동료들과의 관계에서 서러움을 느껴 힘들다고 했다. 슈퍼바이저와 그 친구는 떠나고 덩그러니 나만 남았다. 정적이 흘렀다. 호주에 오면 가장 느끼고 싶었던 것이 이런 평화로움이었다.

그렇게 평화로움인지 아니면 지루함인지 모를 일상이 이어졌다. 그런데 그것이 일상이 되어버리자 바쁘게 앞만 보며 경쟁하며 살던 대한민국의 삶이 그리웠다. 그래서 사람 마음이 간사하다 하나 보다.

달비는 시간이 정지된 도시 같다. 아무도 지나가지 않는다. 오로지 널어놓은 빨래만이 거센 바람 따라 광대마냥 춤을 추듯 움직일 뿐이다. 도로 한복판에 삼각대를 세워놓고 사진을 찍었다. 평화로움인지 지루함인지 이제는 모르겠다.

호주, 그곳에 나를 두고 오다

누가 457비자를 모욕하는가?

사람이 가장 힘들 때가 언제일까? 심한 육체적 노동을 했을 때? 아니다. 내 생각에는, '나 혼자 홀로 떨어졌다는 느낌을 받았을 때'이다. 달비에 머문 것은 잠시 동안이지만, 내가 머물 당시 그곳에는 정말 아무것도 없었다. 일요일에 콜스COLES 청소가 없는 것도 일요일에 아무도 쇼핑을 하지 않기 때문이다. 평화로움이 좋다 생각되었던 것도 얼마 못 갔다. 이대로는 우울증에 걸릴 것 같았다. 그래서 혹시 한국인들이 있나 싶어 근처 아시안 슈퍼마켓을 찾아갔다. 다행히도 그곳에서 근처에 한국인이 있다는 이야기를 들었고, 그에게 연락했다. 그는 영주권을 얻기 위해 혼다자동차 정비소에서 일하는 31살의 청년이었다. 처음에는 한국인 고용주를 만나 사기를 당하기도 했는데, 이후 이곳에 직접 컨택해 인턴으로 들어왔단다.

"457비자 아시죠? 그 노예비자요. 처음에 자동차 정비가 부족직업 군이고 전문직이기 때문에 저한테 사기를 칠거라고는 생각하지 않았어요. 그래서 자연스럽게 1년 넘게 457비자로 그 곳에 있었죠. 스폰서를 해준다는 말에 돈도 3만 불을 내줬고요. 그런데 1년 정도 지나자 나가라는 거예요. 제가 잘못한 것도 아닌데 나가라는 거죠."

"그래서 어떻게 했어요?"

"정말 어이가 없고 멱살잡이라도 하고 싶었지만…… 항의조차 못했죠. 다른 일자리를 계속해서 찾을 수밖에 없었어요. 일을 못 잡으면 영락없이 쫓겨나게 생겼으니까요. 그때 알게 된 거죠. 도시에서 많이 벗어난 지역에 일이 많다는 것을요. 그래서 이곳에 오게 된 거에요. 브리즈번에서 그다지 멀리 떨어지지 않은 이곳 달비에 말이죠."

호주 내 가장 큰 문제가 되고 있는 비자 중 하나가 457비자다. 스폰서를 해준다며 수수료 몇 만 불을 요구하고 2년 이내에 일꾼을 자른다. 그리고 다른 사람을 같은 방식으로 또 고용해서 수수료를 받는, 몇몇 몰염치한 사기꾼으로 인해 노예비자로도 불리는 비자가 그것이다. 그 몰염치한 사기꾼이 한 민족이라는 것은 호주 내에서는 알 만한 사람은 다 아는 사실이다. 457비자로 호주영주권을 취득한 사람들은 실재한다. 그 수도 많다. 그런데 한국인 고용주보다 호주인 고용주 아래에서 일해 취득한 이가 대다수이다. 불편한 진실이고 씁쓸한 현실이다.

호주, 그곳에 나를 두고 오다

사필귀정, 그들은 이미 알고 있었다

급하게 떠난 일꾼의 후임자가 구해지기 전까지, 내가 달비에서 일한 기간은 3주였다. 콥스하버의 집으로 돌아오니 임수가 나를 반겼다. 꽤나 혼자 있는 것이 외로웠던지 과하다 싶게 나를 반겼다. 그동안의 여러 고충을 토로했고, 가장 큰 고충으로 내가 구입한 냉장고를 꼽았다. 산지 얼마나 됐다고 벌써 말썽이란다. 아닌 게 아니라 냉장고에 음식을 3시간만 넣어두어도 꽝꽝 얼어버리는 것이다. 때문에 얼지 않게 껐다 켜기를 반복해야 하니 여간 고충이 아니었다. 구입한지 1주일 이내에 고장이 발생하면 무료로 교환 가능하다고 했건만, 내가 달비에 갔다 오는 바람에 한 달이 지나버렸다. 환불 및 교환은 불가능했다. 그렇다고 다른 냉장고를 구매하기에는 돈이

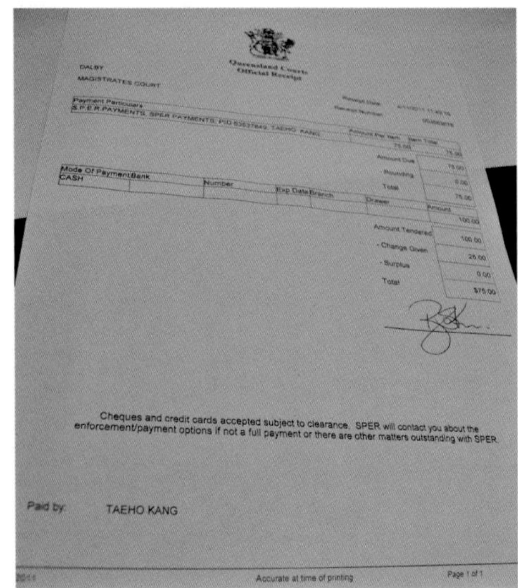

아까웠다. 언제 집 계약을 해지하고 떠날 상황이 발생할지 모르는 상황이라 울며 겨자 먹기로 불편을 감수할 수밖에 없었다.

냉장고도 냉장고지만 내게는 더 큰 문제가 있었다. 보험회사 편지와 고지서가 그것이다. 내가 달비에 있던 동안 보험회사 편지가 도착해 있었다. 보험회사 편지는, 다행히도 나에게 주급을 세금 떼고 난 뒤 주당 약 680불을 지급한다는 내용의 증명서였다. 보험회사 편지는 예상하고 있던 바였는데, 고지서는 뜻밖이었다. 퀸즈랜드 주에서 온 벌금고지서였다. 입국 후 그 근처에도 가지 않았던 나였기에 의아해하며 고지서 내용을 확인했다. 나도 모르게 짧은 탄식을 내뱉었다.

6년 전 주차요금 벌금고지서였다. '어떻게 6년이 지난 주차요금이 내게 청구됐지? 내가 콥스하버에 있는지는 어떻게 알았지?' 내 일거수일투족을 알고 있다 생각하니 식은땀이 나왔다.

사실 많은 이들이 호주 땅덩어리가 넓고 일처리가 느려서 나 하나쯤은 잘못된 행동을 해도 모를 거라 생각하고 소소한 불법 행동을 한다. 하지만 재입국했을 때 예전 과오에 따른 행각이 발견되면 적게는 벌금, 심할 때는 강제추방의 징계를 받을 수 있다. 나도 2006년에 안일한 생각으로 불법 행동을 했다. '나는 호주에 다시 올 일 없으니, 벌금 낼 필요도 없고! 한국에 있는 내게 청구서 보낼 것도 아니고!' 당시에는 배짱이라고 생각했을지 모르지만 지금 돌이켜보니 부끄럽다.

고지서를 들고 있는 내 손끝이 떨렸다. 6년 만에 75달러의 벌금을 지불하게 된 것이 억울해서가 아니다. 일을 하지 못한다는 가정하에 보험금이 지급된 것인데, 그 기간 중에 달비에서 일을 했기 때문이다. 엄연한 불법이다.

또 하나의 가족
디오스, 콜린 부부를 만나다

'똑똑' 누군가 문을 두드렸다. 우편물이 온 건가 싶어 창밖을 내다봤는데 집배원이 아니었다. 20대 중반쯤으로 보이는, 만삭의 백인여성이었다. 그녀의 이름은 콜린으로, Unit 4호집에 살고 있는 여성이었다. 우리가 이사 온 것을 알고 새 이웃과 인사하러 온 것이다. 먼저 인사하러 온 것도 고마웠고, 이것저것 문제가 있을 때 자신에게 말해달라는 그 마음씨가 특히 고마웠다. 그렇게 대화를 하고 있는 사이 옆집에 사는 할머니께서도 나오셨다. 할머니의 이름은 제인이었다. 제인 할머니 역시 우리를 반기며 문단속을 잘해야 된다고 말씀하셨다. 특히나 밖에 세워둔 자전거는 안으로 들여놔야 도난방지를 할 수 있다는 조언까지 건네셨다.

PART 5 • 시련 그리고 성장

복도에서 이웃의 정을 느끼며 대화에 몰두하던 중 흑인이 복도를 지나갔다. 순간 나도 모르게 움찔했다. 내 미묘한 표정변화는 다행히 아무도 감지 못했다. 콜린은 그 흑인에게 달려가 안겼고, 우리에게 소개했다.

"He is a my darling!"

그는 콜린의 남편인 디오스였다. 소개를 하고 디오스와 눈이 마주친 콜린은, 그와 짧은 키스를 했다. 그들은 신혼부부였다. 디오스는 아프리카에서 난민 신청을 통해 콥스하버로 온 아프리카인이었다. 그는 자원봉사를 하던 콜린과 사랑에 빠져 결혼하게 됐단다. 출산일이 얼마 남지 않은 콜린은, 곧 아기 엄마가 될 거라며 행복한 미소와 함께 디오스에게 기댔다. 나는 콜린과 디오스에게 함께 저녁을 먹자고 청했다. 그들은 기꺼이 수락하며 자신들은 디저트를 준비하겠다고 했다. 이웃사촌이 생겼다. 흥에 겨워 나는 카레를 준비했고, 그들은 스파게티를 준비했다.

식사를 마치고, 맥주를 마시며 이야기를 나누었다. 나와 디오스는 금방 마음이 통하는 사이가 됐다. 호주에서 유색인종으로서 겪은 경험에 동질감을 느껴서일 거다. 실제로 호주에서 백호주의는 존재한다. 호주 국회의원 중에는 유색인종에게 '데오도런트를 사용하라' 등의 원색적인 인종차별적 발언을 하는 경우도 있다. 또 지인들 중에는 지나가다 계란과 침 세례를 받았다는 경험담도 심심찮게 들렸다.

호주, 그곳에 나를 두고 오다

디오스는 아프리카 사람이었다. 그것도 난민 신청으로 오게 된 경우다. 갖은 설움이 있었지만 사랑하는 아내 콜린을 만났고, 곧 아기 아빠가 되는 자신은 행복한 삶을 살고 있다고 했다. 하지만 문득, 이렇게 마음 맞는 친구와 술을 마시게 될 때에는 자신의 고향이 그립다고 말했다. 그러면서 지금 당장은 힘들지만, 자신이 돈을 많이 벌면 아프리카로 가고 싶다고 말했다. 내전으로 인해 수없이 죽어가는 동포들을 생각하며 그는 눈시울을 적셨다. 그런 디오스의 모습은, 한국이 그립지만 여건상 호주에서 일하고 있는 한국인들과 별반 다르지 않았다.

외국인에게
욕을 가르쳐주지 맙시다

윤부옥

호주워킹홀리데이 중 가장 부끄러웠던 순간 중 하나가 외국인이 한국어로 욕을 하는 것을 들었을 때입니다. 누구에게 그런 말을 배웠냐고 물어보면 한국인 친구에게 배웠다고 하더군요. 무슨 뜻인지 아냐고 물어보면 욕이라는 정도는 알지만 그것이 어떤 상황에서 어떤 무게로 사용되는지는 대부분 몰랐습니다. 흔히 미국 시트콤 드라마에서 나오는 추임새 같은 욕설 정도로 생각하고 있었습니다.

그런데 더 큰 문제는 전혀 다른 뜻으로 와전되어 한국어를 쓰는 외국인도 있다는 것입니다. 장난으로 가르쳐준 경우가 대부분이겠지만 자신의 나라 욕을 다른 나라 사람들이 인사말로 알고 쓰고 있는 건 썩 유쾌한 일은 아니지 않을까요? 모든 유학생이나 워킹홀리데이 오는 사람들이 다 그런 건 아니지만 일부 행동과 말을 함부로 하는 사람들 때문에 한국인이라는 이유로 같이 욕을 먹었습니다.

제가 사과농장에서 일할 때 말할 때마다 'x발'을 연발하는 남자애들이 있었는데, 자기네들끼리 대화할 때조차 말끝마다 욕을 하더군요. 옆에서 일하는데 정말 듣기 싫었습니다. 하지만 더욱 싫었던 것은 같이 일하는 호주인 슈퍼바이저들에게도 'x발 사과'라고 욕을 하는 것이었습니다. 그냥 자신들의 일을 방해하고 알아듣지 못한다는 이유에서 막말을 하는 것이었습니다. 처음에는 무슨 말인지 못 알아듣던 호주인들도 나중에는 사람들에게 무슨 의미인지 물어보고 기분 나빠하는 것이 눈에 보였습니다. 그때마다 같은 한국사람으로서 너무 부끄러웠습니다.

　　슈퍼바이저들은 단지 상태가 좋지 않은 사과를 골라내는 본인의 일을 한 것뿐이었는데 워커들은 하나하나가 돈인 사과를 빼냈다는 이유로 욕을 하는 것이었습니다. 물론 열심히 딴 사과를 눈도 깜박 안하고 막 버리는 걸 보면 짜증이 나겠지만 그들의 규정에 맞게 일을 하고 그들의 지시대로 일을 해야 하는 것이 워커의 본분일 텐데 슈퍼바이저에게 원색적인 욕을 하는 것은 잘못된 것이 아닐까 싶습니다. 결국 그들이 지나간 구역에서는 '한국사람들은 일도 엉망이고 마음에 안 들면 욕한다' 라는 이미지만 심어줬습니다.

　　몇몇 분들은 욕일지라도 친해지기 위해서 한 행동을 너무 과하게 비판하는 것 아닌가 항변할 수도 있습니다. 하지만 외국인이 수없이 많은 한국어 중에서 유일하게 욕만 알고 있다면 그것이 좋은 현상일까요? 우리나라 사람이 좋은 말 놔두고 fuck you 같은 단어만 쓴다면 누가 좋아할까요? 본인들의 친구라고 생각했던 호주인 친구들에게도 좋은 것이 아닙니다.

　　요즘 호주워킹홀리데이로 수없이 많은 한국인들이 한국인의 이미지를 남기고 갑니다. 애석하게도 안 좋은 이미지를 남기고 가는 경우가 대부분이죠. 술 마시고 도박하고 길거리에서 난동 부리고 욕합니다. 심지어 어떤 캐라반 파크에서는 동양인은 투숙을 못하게 할 정도로 워킹홀리데이로 온 사람들의 인식이 나날이 나빠지고 있는 실정입니다. 한 번 심어진 나쁜 이미지를 바꾸는 데는 많은 힘과 노력이 필요합니다.

　　짧으면 몇 개월, 길면 2년간 호주에서 생활하게 되면서 호주인 또는 같은 워킹홀리데이로 온 다른 나라 사람들에게, 자신이 한국사람으로서 자부심을 가지고 자기 자신이 1인 외교사절단임을 잊지 말고 행동했으면 합니다.

HAPPY NEW YEAR!

2011년의 마지막 날, 호주에서 만난 소중한 인연들이 한데 모였다. 내 전임자였던 인호도 브리즈번에 잡은 새 직장에서 연말휴가를 받아, 아는 동생들과 함께 콥스하버로 놀러왔다. 우리는 그렉 아저씨와 몰리 아주머니 집에서 파티를 하게 되었다. 인호와 동생들은 콥스하버에서 구하기 힘든 소주와 한국음식을 사가지고 왔다. 나는 그렉 아저씨와 몰리 아주머니도 먹을 수 있도록 짜장을 준비했다. 그렉 아저씨는 우리들을 위해서 바비큐와 대하를 준비했다. 분위기는 무르익었고, 그렉 아저씨가 시가로 500달러 이상 된다는 와인을 꺼내셨다. 우리는 2011년을 마무리하고, 2012년 새해를 맞이하며 건배를 외쳤다.

타국에서 새해를 맞이하는 지라 감회가 남달랐다. 외국에서 새해를 맞이하는 세 번째 경험이었지만 친구들과 맞이하는 건 이번이 처음이었다. 호주에서 만난 한국인 친구들과 가족이라고 부를 수 있는 호주인 친구들. 몇몇 한국인 친구들은 영어가 서툴렀다. 그러면 어떠랴, 함께 새해를 맞이한다는 것 자체만으로 그 밤, 우리는 충분히 행복했다.

그 조용하던 콥스하버도 한 해의 마지막 날에는 들뜨나 보다. 이웃한 모든 집의 불이 환하게 밝혀져 있었다. 카운트가 시작되고, 너도 나도 입을 모아 카운트를 외쳤다.

"10, 9, 8…4, 3, 2, Happy New Year!!"

그렉 아저씨와 몰리 아주머니는 서로 키스를 하며, 우리들은 서로를 얼싸안으며 새해를 축하했다. 어느 정도 진정이 되자 친구들은 한국에 있는 가족들에게 안부전화를 했다. 나는 하지 못했다. 어머니 목소리를 들으면 눈물이 날 것이 분명하니까…… 눈물이 나는 건 싫으니까……. 한국에서 새해를 맞게 되면 어머니와 함께 타종 소리를 들었다. 타종 소리와 함께 어머니는 항상 같은 말씀을 내게 하셨다.

"우리 막내아들, 올해도 행복해라."

"어머니, 올해도 건강하십시오."

호주, 그곳에 나를 두고 오다

열심히 일한 당신 떠나라

콥스하버 집에서 5분 정도 걸으면 파크비치가 나온다. 나는 하루에 한 번은 그곳을 거닐었다. 바닷가라는 장소가 주는 분위기에 취해서일 수도 있지만, 그곳에 앉아 다른 이들을 보면 그들이 그렇게 평화로워 보였다. 그중 특히 고희를 바라보는 노인 부부가 기억에 남는다. 손을 꼭 부여잡고 해변을 거닐던 그 모습이 좋아보였다. 그리고 그 너머 게이트볼을 즐기는 노인들도 활기차 보였다. 사회에서 은퇴하고 노후생활을 즐기는 것 같아 보였다.

한국에 계신 부모님이 생각났다. 부모님이 세탁소를 운영하신지는 어느덧 40년이 되어간다. 부모님이 환갑 때 바라신 소원은 고희가 될 때까지 일을 할 수 있었으면 좋겠다는 거였다. 자식에게 폐가 될까

호주, 그곳에 나를 두고 오다

당신의 건강을 염려하시는 거였다. 그 마음을 알면서도 애써 외면했다. 부모님은 언제나 자식 편이었지만 자식은 자신의 꿈이 우선이었던 거다. 부모님은 여권이 없으시다. 해외여행을 소재로 글을 쓰는 사람의 부모님이 여권이 없다니……내가 그동안 가족들에게 무심했던 건 아닌가 하는 생각이 들었다. 호주 콥스하버에 와서야, 사고를 당하고 나서야 뒤늦게 철이 들었나 보다.

'그래, 가족에게 필리핀을 보여주자. 함께 가족여행을 가자!'

배치메이트 리더 경험이 있으니 여행 계획은 혼자서도 자신 있었다. 요행을 바라지 않고 묵묵히 일하신 부모님께 막내 아들이 강제 휴가를 보내드리는 거다.

다행이다! OR 수술해!

대한민국 서울 종로의 탑골공원은 '노인들의 만남의 장소' 이미지가 강하다. 그리고 무기력함, 소외 등의 부정적인 이미지가 함께 떠오른다. 일선에서 물러나 다음 세대에게 모든 것을 넘겨주는 것은 당연한 수순일 수 있다. 그런데 한국의 노인들은 정말 살기 어렵나 보다. 은퇴라기보다는 내처짐을 당했다 느끼게 되는 것도 문제며, 연말에 '독거노인'이 소재로 다루어지는 점도 문제다. 그 정도의 관심으로 그치고 점점 외톨이가 되어 가는 것 같다. 노인 자살률이 세계 1위라는 불명예도 안고 있다.

모든 정치인들의 공약의 핵심은 공통적으로 '국민 모두가 살기 좋은 나라'를 표방한다. 복지정책 또한 그에 초점을 맞춘다. 그런데 정작 사회적 약자에게 피부로 와닿는 정책이 행해지고 있지는 않다. 사회적 약자를 포근하게 감싸 함께할 수 있는 복지사회를 지향해야 한다. '배려'를 전제로 하는 접근 방법이 필요하다고 생각한다. 그런 면에서 호주의 노인 복지는 잘 되어 있다. 그들은 그들이 일한 대가에 따라 연금을 보장받고 사회적 존경을 받는다. 각 도시마다 노인들을 위한 요양 프로그램이 진행되고 있다. 아무리 소규모의 마을이라도 마찬가지다. 사회적 약자로는 노인뿐 아니라 장애인도 있다. 한국에서는 아직까지도 장애인이 외출하려면 많은 불편을 감수해야 한다. 하지만 이곳 호주에서는 그들을 위한 배려가 일상이 된 느낌이다. 계단이 있는 곳에는 그 수의 많고 적음과 관계없이 휠체어 통로가 마련되어 있다. 구체적으로는 알 수 없지만, 분명 그들을 위한 복지에도 배려가 녹아있을 것 같다.

사고는 예측 불가능하며 누구라도 어느 날 갑자기 장애인이 될 수 있다. 그리고 무기력해 보이기만 하는 노인도 피 끓는 젊은 시절이 있었을 거다. 짧은 생각일지 모르지만, 호주인은 이 사실을 알고, 한국인은 모르는 것 같다. '당사자가 되지 않으면 모른다'가 진리는 아니지 않은가? 상대방의 입장에서 생각하고, 배려할 수 있지 않을까?

내 팔의 흉터를 본 호주인들은 '운이 좋다'고 말했다. 그런데 내 팔의 흉터를 본 한국인들은 '수술해'라고 말했다. 호주에서는 아무렇지 않게 반팔 옷을 입었는데, 한국에서는 왜 가려야 하는 걸까?

러셀 크로우를 만나다

임수야! 저 사람 영화배우 아닌가? 아니겠지? "형! 만약 저 사람이 영화배우면 사람들이 달려들고 그러겠죠. 근데 정말 닮기는 많이 닮았네요. 신기하다."

"아니야! 저 사람 러셀 크로우야. 확실해."

잠깐의 실랑이가 있은 후, 붙임성 좋은 임수가 직접 확인하겠다며 나섰다. 그리고 러셀 크로우로 의심되는 사람에게 말을 걸었다. 나는 한발짝 떨어져서 그 모습을 두근거리는 마음으로 지켜보았다.

"Oh my god, you're Russell Crowe! unbelievable!"

놀라움에 자기도 모르게 내지른 임수의 환호성은 내가 서 있는 곳까지 들렸다. 글래디에이터의 러셀 크로우가 내 눈앞에 있다니……

임수는 상기된 얼굴로 내게 뛰어왔다.

"형! 진짜 러셀 크로우에요. 형! 사진기 가지고 왔죠?"

가는 날이 장날이라고 그날은 DSLR을 놓고 왔다. 우리는 꿩 대신 닭이라고 아이패드로 러셀 크로우와 사진을 찍었다. 나중에 알게 된 사실이지만 콥스하버에 러셀 크로우의 별장이 있다고 한다. 그래서 매년 여가시간에는 가족들과 함께 콥스하버에 휴식하러 온다는 거다. 실제로 콥스하버는 세계적인 배우들이 휴가를 즐기러 오는 곳으로 유명하다. 조용하고 아름다운 해변이 많이 형성되어 있는 콥스하버는 그들에게는 매력적인 장소였을 거다.

워홀러들은 대게 콥스하버를 그저 대박농장이라고 소문난 블루베리 농장으로만 기억한다. 나도 이곳에 머물면서 제대로 된 여행을 해본 적은 없다. 자전거로 20분 이내의 거리가 제일 멀리 간 경우다. 핫플레이스를 몰라봤다!!

Awesome이 만들어준 인연

평온한 일상이 반복된다. 호주에서는 그랬다. 일상이 참 단조로웠다. 그래서 '호주 사회는 지루한 천국' 이라는 말이 나왔나 보다. 너무나 평화로워서 나른해지고 급기야 지겨워진다. 하루하루가 지겨워서 견딜 수가 없다. 경주마 같이 앞만 보며 달리듯 사는 것이 싫어서 호주를 좋아했던 내가, 어느새 호주를 질려하고 있었다.

달비에서 돌아온 이후로는 불법으로 일할 마음은 접고, 자전거타기와 근처 산책을 하며 하루를 보냈다. 운동으로 몸을 움직여 봐도 지루함이 가시지 않자 뭔가 다른 일을 하고 싶었다. 이왕이면 보람된 일을 말이다. '그래, 봉사활동을 하자!' 거창한 CVA(conservation volunteer australia)까지는 아니고, 콥스하버에서 내가 당장 시작할 수 있는 활동

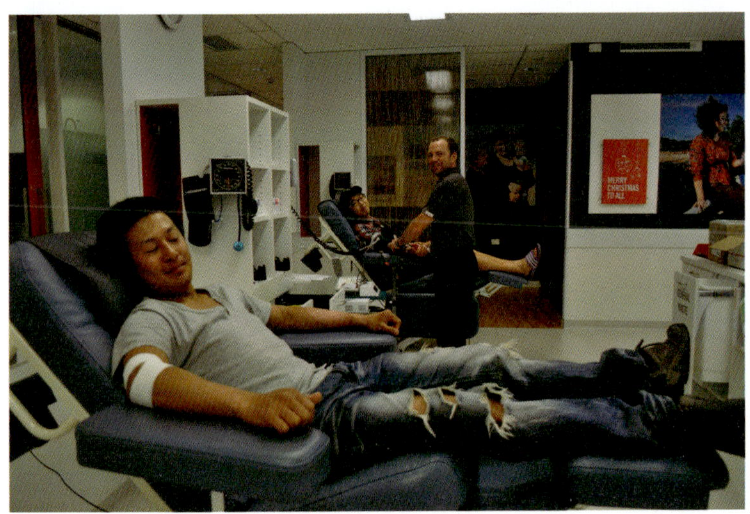

을 찾았다. 그래서 생각해낸 것이 헌혈이었다. 나는 한국에서 30회의 헌혈을 해 은장상을 받았었다. 은장상의 부상으로 받은 적십자 마크가 박혀있는 시계는 항시 내 손목에 채워져 있다. 은장상을 받았을 때 훈장을 받은 것처럼 내 자신이 자랑스러웠다. 그런 뿌듯함을 이곳 호주에서도 느껴보고 싶었다. 나와 임수는 콥스하버 파크비치 플라자 맞은 편 혈액원을 방문했다. 그들은 동양인이 헌혈하는 것에 꽤나 놀라는 눈치였다. 나는 그들에게 시계의 레드크로스 마크를 가리키며, 한국에서 헌혈을 많이 해 상도 받았다고 전했다. 그들은 크게 기뻐하며 한결 친절한 목소리로 헌혈 요령을 가르쳐줬다.

호주에서의 헌혈은 한국의 경험과는 조금은 다른 모습이었다. 한국처럼 기념품으로 모객행위를 하지 않았다. 또 혈액원에서 일하시는 분들 대부분은 몇몇 간호원을 제외하고는 자원봉사자들이었는데, 그들은 60대에서 70대의 노인 분들이었다.

약 1시간 정도 상담을 하고 난 뒤에야 우리는 전혈을 할 수 있었다. 전혈 시간은 지루하지 않았다. 그들은 쉴 새 없이 우리에게 말을 걸고, 불편하지는 않은지 물었다. 임수는 꽤 신이 나 보였다. 아무래도 호주에 와서 먼저 말을 걸어주고 다정하게 다가오는 호주인들은 처음이라 반가웠나 보다. 임수는 평소 Awesome이라는 단어를 즐겨 썼는데 그 말이 호주인들에게 제대로 먹혔는지 박장대소하고 난리였다.

자원봉사자 중에 다른 호주인과는 달리 말 빠르기를 배려해 말씀

호주, 그곳에 나를 두고 오다

해주신 분이 계셨다. 그 분의 이름은 로빈이었고, 60대 후반쯤으로 보이는 아주머니셨다. 로빈 아주머니는 임수와 내게 콥스하버 생활에 대해 물으며, 가보면 좋을 관광지를 소개해 주셨다. 임수는 그런 로빈에게 '당신의 친절은 Awesome하다' 고 해서 또 그녀를 웃게 만들었다. 그녀는 언제 시간 되면 자신의 집에 놀러 와서 밥 한 끼 먹자고 초대했다. 우리도 기회가 되면 한국음식을 대접하겠다고 했고 웃으며 헤어졌다. 헤어지고 일주일이 안 되어 우리는 로빈 아주머니 집에 초대되었다. 그녀의 집은, 동화 속에서 튀어나온 듯 아기자기한 집들이 밀집된 동네에 위치해 있었다. 그녀는 남편 말콤과 입양한 유기견들과 함께 살고 있었다. 말콤은 우리를 웃으며 반겨주었다.

그녀는 우리를 위해 스테이크를 준비하고 있었다. 아웃백 스테이크에서 먹었던 그 스테이크를 호주 일반 가정집에서 먹을 수 있게 된 것이다. 우리는 디저트를 준비하겠다며 맛탕을 만들었다. 한국의 디저트라고 소개하며 식탁에 내놓았다. 몇 번의 경험으로 느낀 바 호주인들은 단 음식을 좋아한다. 그런 의미에서 맛탕은 최적의 음식이다.

그런데 걱정이다. 이번 맛탕은 좀 실패작이다. 조마조마한 마음으로 첫술을 뜬 그들의 표정을 예의 주시했다. 로빈과 말콤은 생전 처음 먹어보는 한국음식 맛탕을 Awesome이라 평했다. Awesome이라는 감탄사 한 마디로 맺게 된 로빈과 말콤과의 인연은 이후에도 이어졌다. 평생 못 잊을 소중한 인연이다.

임수야! 너는 성공했다,
너 스스로와의 목표에 있어서

한임수, 호주 콥스하버에서 오해도 많이 하고, 싸우기도 많이 했던 울산 동생이다. 약 3개월 같이 지내는 동안 그 녀석은 자신 스스로를 채찍질했다. 신경과민이 걸릴 정도로 자기관리에 철저했고 욕심도 많았다. 새벽청소를 하면서도 하루하루 계획서를 작성했는데 그 계획 중에 영어 공부도 빼놓지 않았고, 반드시 실천했다.

"야! 하루 공부 안 한다고 해서 너 영어실력이 떨어지는 거 아니야."

하지만 그 녀석은 계속 책을 봤다. 잠이 부족해 빨개진 눈을 하고서도 책을 봤다. 그런 자신의 모습을 형으로서 안쓰럽게 생각한다는

걸 알면서도 공부를 계속했다. 내 눈에는 임수의 공부 방식이 꾸준하다는 것보다 미련하다는 느낌이 들었다.

또 임수는 구두쇠라고 느껴질 정도로 돈을 아꼈다. 보는 내가 히스테리에 걸릴 정도였다. 주에 30불이 우리 생활비였다. 생활비 외의 지출로 식비가 있었는데 이를 최대로 절약하며 하루하루를 버텨냈다. 영양실조에 걸려 한국에서 치료비가 더 나왔다는 내 경험을 얘기했지만 듣지 않았다. 본인이 정한 목표 금액을 벌어야 하므로 아낄 수 있는 식비를 최대한 아끼겠다는 것이다.

점점 짜증이 나고, 화가 났다. 하루하루 절약하여 적금 타는 낙으로 사는 삶이 싫어 호주에 온 나인데, 그런 삶이 행복이라고 말하는 것 같은 임수의 태도가 너무 마음에 안 들었다. 곪을 대로 곪은 우리 관계는 술이라는 중재자로 인해 풀리게 되었다. 임수 또한 내게 불만이 있었다고 한다. 꿈을 위해 내달리지 않고 오로지 여유를 찾으려는 내 모습이 한심해 보였다며 불평을 토했다.

조금은 충격이었다. 우리들은 절대 타협하기 힘들 것 같았다. 서로의 가치관을 이해할 수 없었다. 그래도 이렇게 서로를 답답해하는 건 가슴속 깊이 서로를 생각하는 마음이 있기 때문임을 깨닫게 되었다. 그렇게 우리는 상대에게 받은 생채기를 치료했다.

임수는 정확히 3개월 만에 목표금액인 일만 불을 모았고, 영어공부를 위해 뉴질랜드로 떠났다. 일정이 맞지 않아 떠나는 모습을 보지 못했다. 임수에게 직접 말로 전한 적은 없지만 항상 생각했던 바가 있다.

"임수야! 너는 이미 성공했어. 너 스스로와의 약속을 지켜냈으니까……."

호주, 그곳에 나를 두고 오다

Goodbye! my Freezer

임수를 대신해 온 친구는 전라도 출신의 효봉이였다. 그는 임수와는 달리 먹는 것에 대해 돈을 아끼지 않았다. 그런데 문제는 냉장고였다. 집에 있는 냉장고는 3시간만 넣어둬도 음식 전체가 꽁꽁 얼 정도로 강력한 파워를 자랑했다.

효봉이는 당혹스러워 했다. 얼었다 녹았다가 반복되니 우유 등 여러 냉장을 요하는 음식들의 보관이 어려웠기 때문이다. 그렇다고 냉장고를 살 수도 없었다. 효봉이는 3주 동안 바짝 돈을 벌고, 친구 성민이를 후임으로 데려다 놓은 뒤 콥스하버를 떠났다. 짧은 기간 있었던 효봉이와는 달리 성민이는 오랜 기간 콥스하버에 있을 예정이라 냉장고가 이 상태인 것이 여간 불편한 것이 아니었다.

성민이 역시 전라도 출신이었고, 그래서 그런지 꽤나 음식에 조예가 깊었다. 효봉이가 힘들어한 걸 겪었던 터라 이웃 친구 디오스에게 상황을 얘기하고 상담을 했다. 냉장고를 저렴하게 살 수 있는 방법이 없는지 물었다. 그런데 콜린 아버지인 트리버에게 남는 냉장고가 있으니 무상으로 빌려주겠다는 것이 아닌가! 이런 행운이! 천만다행이었다.

트리버는 거의 새것이라 해도 믿을 정도의 냉장고를 자동차 짐수레로 가져와 주었다. 그런데 방까지 운송해주다 문제의 냉장고를 보게 된 트리버가 웃는 게 아닌가.

호주, 그곳에 나를 두고 오다

"Is it your Refrigerator? It is Freezer."

그랬다. 여태까지 나는 냉동고를 사놓고 냉장고가 고장 났다고 생각한 거였다. 한국에서는 일반 가정에서 냉동고를 따로 사지 않으니 그런 착각을 하게 된 것이다. 호주에서는 일반 가정에서도 많은 사람들이 냉동고를 이용한다. 실제로 오래된 냉동육을 요리할 때 당혹스러웠다. 예전 로빈 아주머니 집에서 먹었던 닭요리는 유통기한이 5개월 지난 닭으로 만들었다. 우리들 정서상으로는 이해가 안 가지만 호주 가정에서는 흔히 볼 수 있는 광경이었다.

만약 새 냉장고를 들일 마음을 먹지 않았다면, 나는 평생 내게 고장 난 제품을 판매한 콥스하버의 점원을 욕했을 것이다. 나는 본인 역할을 했을 뿐인데 천덕꾸러기 신세였던 냉동고에게 작별을 고했다.

"Good bye, my Freezer!"

한 마리 토끼만 잡아라

이효봉

호주 퀸즈랜드 주에 위치한 부나(Boonah)라는 지역은 7월부터 12월까지 당근 시즌입니다. 저는 8월 말부터 세컨비자를 위해 부나에 가게 되었습니다. 이미 당근농장에는 인력이 넘쳐난 상태였고, 대기하는 기간 동안 브로콜리 픽킹 및 플랜팅(모종심기)을 하였습니다. 픽킹 급여를 컨츄렉으로 받았는데 5명이 한 팀을 이뤄 1m 크기의 큰 컨테이너 4개에 브로콜리를 커팅하여 가득 채울 경우 인당 25달러를 받았습니다. 브로콜리 밭 상태에 따라 하루 일당이 결정이 되었는데 보통 5회에서 8회가 가능했습니다. 플랜팅은 모종을 심는 기계에 하나의 모종을 집어넣는 단순한 일이었습니다. 시급제로 18불을 받았습니다.

그 후 당근농장 일을 시작하였습니다. 큰 기계(굴삭기)로 밭에서 당근을 캐낸 후 세척을 거친 당근을 쉐드장(창고)에서 상품으로 가공하는 과정의 일이었습니다. 그곳은 남녀가 구별되어 일을 하는데 여자들이 하는 일은 자동으로 세척된 당근이 롤러벨트를 통해서 나오면 썩은 것과 기형 당근들을 구별해 내는 일입니다. 기본적으로 2가지 종류로 분류하나 상품종류에 따라 1등급, 2등급, 쥬스용, 말밥용과 베이비 당근 등으로 나눕니다.

남자들은 위의 당근들이 기계를 통해서 비닐백에 포장되어 나올 경우 이를 각 상품별로 박스에 담고 팔레트에 쌓는 일을 합니다. 총 2팀이 주야로 일했는데, 주간에는 남자 8명, 여자 5명으로 총 13명 구성이었고, 제가 했던 야간에는 남자 5명, 여자 5명으로 총 10명 구성이었습니다.

남자들은 자신들이 빨리하면 빨리할수록 돈을 버는 능력제가 기본 계약이었고, 여자들은 시급제로 일하였습니다. 때문에 남자들은 상품에 따라서 급여현황이 고무줄처럼 현저히 달라집니다. 일은 보통 오후 3시 반에 시작하여 새벽 1시에 끝나는데 중간에 3시간마다 잠깐의 휴식시간이 있습니다. 호주는 자외선 및 햇볕이 강해 실내에서 일하는 이 일이 장점이 있긴 하지만 체력이 약한 사람들은 쉽게 지쳐 일을 중도에 포기하는 경우가 많습니다. 보통 이곳에서의 임금은 고정적인데 월요일부터 금요일까지 주 5일제로 일하면 방값을 제외하고 주당 평균 700불 정도를 벌 수 있었습니다. 세컨비자를 100프로 받을 수 있다는 것을 감안할 때도 그다지 나쁜 조건이 아닙니다.

하지만 알아둬야 할 점이 있습니다. 한국에이전시를 거쳐서 하는 일이다보니 하루당 5불씩의 수수료가 빠집니다. 그리고 거의 100프로 한국인이라고 할 수 있기에 영어를 써가면서 일을 하겠다는 생각으로 오는 사람들은 실망하고 돌아갑니다.

사실 개인적인 생각으로 호주에서 일을 하면서 영어공부를 한다는 것은 사실상 불가능하다고 생각합니다. 영어를 쓰면서 일을 한다 하더라도 몇몇 문장만 반복 사용할 뿐이죠. 돈을 벌 때는 돈만, 영어공부를 할 때는 영어만 생각하여, 선택과 집중의 힘을 발휘하는 것이 제가 생각하는 호주워킹의 성공 비결이라고 생각합니다.

두 마리 토끼보다는 한 마리 토끼에 집중해 호주워킹 동안 소중한 추억 많이 쌓고 오기를 바랍니다.

요구르트의 슬픈 비밀을 아시나요?

어? 이 친구는 디오스 아닌가? 옆에는 콜린이고? 갓 태어난 아기를 안고 있는 콜린의 어깨를 감싼 디오스, 셋은 모두 행복하게 미소 짓고 있었다. 이 친구들이 신문에 실릴 만큼 콥스하버에서 유명한 친구들이었나? 내심 놀라며 신문을 읽어나갔다. 내용은 디오스와 콜린 사이에 소중한 딸아이가 출산되었다는 소식밖에는 없었다. 그리고 그 다음 페이지에도 그들과 같은 시기에 출산한 아이들이 부모들과 함께 실려 있었다. 조금은 생소한 신문 지면이었다.

나는 콥스하버 병원으로 그들을 만나러 갔다. 나는 신문을 보여주며 너희들이 이렇게 유명한 사람들인지 몰랐다고 말했다. 그러자 디오스는 우리들 원래 유명하다고 농담하며 주변의 신문에 실린 친구

들도 소개했다. 그들은 신문에서 봤던 사람들이었다. 나도 모르게 감탄사가 절로 나왔다.

'호주라는 나라. 이래서 복지국가구나!'

호주의 작은 마을인 콥스하버에서는 한 주마다 그 주에 태어나는 아이들을 신문에 실어준다. 말 그대로 콥스하버에 있는 모든 이들에게 생명 탄생을 알리고 축복을 해주기 위해서다. 이를 계기로 그 전에는 자세히 보지 않았던 지역 신문을 훑어보게 되었는데, 벼룩시장 같은 코너는 물론이거니와 주민들의 공지로만 이루어지는 지면이 대다수였다. 친구나 가족의 생일을 광고하거나 기념일을 알리는 등 사람 사는 맛이 가득한 신문이었다.

봉사 수기 집필 당시 겪은 일이 생각났다. 서울시 중랑구청에서는 노약자와 장애인에게 매일 요구르트 하나를 배달하는 행정을 펼쳤다. 처음 의도는 영양 간식 제공이었을지 모르지만 나중에는 요구르트가 생존 여부를 확인하는 수단이 되었다. 요구르트가 배달된 다음 날 현관에 요구르트가 없으면 무사한 것이고, 수북이 쌓여 있다면 변고가 생긴 것이다.

콥스하버 지역신문과 중랑구청 요구르트……둘 모두 소통의 도구인데 내가 받은 느낌은 너무 달랐다. 오늘만큼은 호주 사회가 부럽다.

호주, 그곳에 나를 두고 오다

그들과의 추억을 인화하다

2012년 4월. 호주에 온지 어느덧 11개월이라는 시간이 흘렀다. 첫 번째 호주워킹 때는 도망치듯 호주를 떠났지만 이번에는 차분하고 행복하게 마무리를 하고 싶었다. 워킹 막바지에 뉴질랜드와 필리핀 여행을 계획에 두고 있었는데 가족여행을 결정한 이후 계획을 조금 수정하였다. 뉴질랜드 대신 말레이시아 두 달 여행을 하고, 필리핀은 가족과 함께 여행하는 것으로 말이다.

2012년 4월 30일자 비행기 티켓을 발권했다. 골드코스트에서 말레이시아로 떠나는 에어아시아 항공권이었다. 발권을 하고 나니 새삼 떠난다는 사실이 실감이 났다. 그리고 문득 드는 의문, '11개월 동안 나는 무엇을 했더라?' 이번 호주워홀의 하루하루를 소중히 생각

하자는 취지에서 매일을 기록하고자 셔터를 눌렀었다. 그 사진들을 찬찬히 넘겨보았다. 사진을 보는 순간, 당시의 상황이 떠올라서 혼자 피식대다 찌푸리다를 반복했다.

사진을 모두 보고 나니 나의 일상을 함께 해주었던 이들과의 인연이 너무 소중하게 느껴졌다. 내 마음을 표현하고 싶어 선물을 주기로 했다. 한국에 계신 나의 아버지는 호주에 있는 막내 아들이 그리워 일요일마다 앨범을 펼쳐 보신다고 한다. 베리 아저씨 거실에는 6년 전 내 사진이 있었다. 그래! 사진이 담긴 앨범이 좋겠다!

내가 콥스하버에 정착했을 때 첫 쉐어를 했던 그렉 아저씨와 몰리 아주머니는 나를 아들처럼 친절히 맞아주셨다. 이웃집에 사는 디오스와 콜린은 여러 문제가 생겼을 때마다 자기 일처럼 챙겨주었다. 마지막으로 Awesome으로 친해진 로빈과 말콤은 나와 임수에게 콥스하

호주, 그곳에 나를 두고 오다

버 관광을 시켜주었다. 6년 전 베리와 줄리앙 아저씨가 첫 번째 호주
워킹의 추억을 차지하는 것처럼 그들 모두가 이번 호주워킹의 추억을
채우고 있다. 아니, 내게 추억을 안겨줬다는 표현이 적절하겠다.

사진을 인화하여 한 장 한 장 앨범에 붙여 나갔다. 앨범이 채워지
고, 첫 페이지에는 악필이지만 그들에게 내 인생에서 가장 소중한 인
연이 돼 주어 고마웠고 다음에 당신들을 다시 만나러 오겠다고 약속
했다. 그리고 채워지지 않은 페이지는 비워두고 마지막 페이지에
KOREAN SON AND FRIEND KANG TAEHO라는 서명을 남겼다.

나는 훗날 채워지지 않은 앨범의 페이지를 그들과의 추억으로 채
워 나갈 것이라 다짐했다. 서로가 서로를 기억하는 동안 우리들의 추
억은 과거형이 아닌 현재진행형이다.

나, 이래도 호주워킹 실패한 거야?

앨범을 선물하며 이별을 애기하니 그들도 무척 아쉬워했다. 그렉 아저씨와 몰리 아주머니는 예전 샌드위치 전문점을 운영했던 실력을 뽐내며, 그 어디에서도 맛볼 수 없는 그들만의 수제 샌드위치를 만들어 주셨다. 그리고 길치인 내 성향에 맞게 DAVID라는 ID PLATE를 선물했다.

디오스와 콜린은 가족여행을 준비했다. 항상 나를 '한국인 아들'이라며 챙겨주신, 콜린의 아버지 트리버의 제안이었다. 그는 호주인의 이별 공식은 맛난 음식대접이라며 우리를 일일여행과 고급 레스토랑에 데려갔다. 트리버는 간이 안 좋아 생명이 위태롭다는 의사의 권고가 있었음에도 나를 위해 여행을 준비했고, 떠나는 날에는 공항

까지 배웅해주겠다고 했
다. 그 마음이 너무 고
마웠다.

　로빈 아주머니와 말콤 아저
씨 역시 나를 위한 소풍을 계획
하셨다. 로빈 아주머니는 차가 없
었던 내게 이미 많은 콥스하버 관
광지를 보여줬다. 그럼에도 곧 호주를 떠나는 한국 아들 강태호에게
또 다른 추억을 선물해주고 싶다며 직접 도시락까지 싸오셨다.

　그들과 추억을 만들면서 앨범의 빈 페이지에 채워질 사진을 찍었
다. 그리고 꼭 껴안으며 다시 만날 날을 기약했다. 호주를 떠나기 전
날 밤. 천정을 바라보며 쉽사리 잠을 이루지 못했다. 내가 이곳에 다
시 올 수 있을까? 6년 전 카불처에서의 마지막 밤에도 이렇게 묘한
기분이 들었던가? 달력에 가위표를 해 가며 전역 날을 기다리다가 드
디어 전역 날이 되어 후임병 도열을 지날 때 느끼는 아쉬움이랑 닮았
던가? 이런저런 생각들이 꼬리를 물면서 늦은 새벽까지 이어졌다.

　떠나는 날 아침. 나는 콥스하버역으로 갈 준비로 분주했다. 그때
대문 밖에서 우렁찬 자동차 경적소리가 들렸다. 디오스였다. 택시는
불편할 것 같다며 콥스하버 역까지 바래다 주겠다는 것이다. 너무 고
마워서 무슨 말을 해야 될지 모를 지경이었다. 한국에 꼭 와라, 와서

우리 한국음식 제대로 먹자라는 말만 반복했던 것 같다.

콥스하버역에 도착하니 놀라운 광경이 내 눈에 들어왔다. 트리버를 포함해 그동안 콥스하버의 추억을 나누었던 친구들이 모두 배웅하러 나온 것이다. 세상에 나온 지 얼마 안 된 디오스와 콜린의 딸 니디아까지 말이다! 격한 감동에 나는 어찌할 바를 몰라 계속 '고맙다, 우리 인연 이어나가자' 라는 말만 되뇌었다.

그렇게 고마워하는 사이 낯익은 자동차 한 대가 콥스하버역으로 들어오고 있었다. 워낙 조그마한 도시다 보니 한 대 한 대가 지나가도 시선 집중이 되었다. 그런데 그 차의 주인공은 로빈 아주머니였다. 말콤 아저씨는 오고 싶어 하셨는데 몸이 불편해서 오지 못했다며 내 한국 이름인 KANGTAEHO가 박힌 열쇠고리를 선물로 줬다.

호주, 그곳에 나를 두고 오다

디오스와 콜린에게 로빈 아주머니를 소개했다. 그들은 그날이 첫 대면이었지만 '강태호'라는 연결고리가 있어 반갑게 인사하며 안부를 주고받았다. 나를 통해 그들이 친해지는 계기가 된다면 기쁠 것 같다. 콥스하버의 마지막 날 내 추억 속 인물들이 모두 모인 걸 기념하며 단체로 사진을 찍었다.

얼마간의 시간이 흐르고 골드코스트 공항으로 갈 트레인이 콥스하버역으로 들어오고 있었다. 나는 소형 태극기를 꺼내 니디아의 손에 쥐어주며 한국인 삼촌 데이빗을 기억하라고 말했다. 나는 모든 이의 아쉬움을 뒤로 한 채 트레인에 올랐다. 그리고 트레인 안에서 창문을 통해 보이는 그들의 모습을 카메라에 담았다.

'나, 이래도 호주워킹 실패한 거야?'

누가 결혼식을 모욕하는가?

골드코스트에 도착했다. 에어아시아의 직항노선은 쿠알라룸푸르에서 시드니, 골드코스트, 멜버른, 골드코스트 네 곳으로 취항하고 있다. 가기 전 지인들을 마지막으로 보기 위해서 내가 입국했던 골드코스트 공항을 통해 쿠알라룸푸르로 가기로 했다.

내가 머문 곳은 골드코스트 민박집이었다. 민박집 주인은 CMC (Civil Marriage Celebrant, 공인주례) 자격을 가진 분이었다. 호주에서는 우리나라와는 다르게 정부가 자격심사를 통해 인정을 한 사람만이 주례를 설 수 있으며, 결혼 등록 역시 일반인이 할 수 없고 반드시 공인주례를 통해서 할 수 있도록 되어 있다. 민박집 주인은 바로 퀸즐랜드 주 최초 CMC 자격을 가진 한국인이었다. 그래서 그런지 그는 꽤나 많은 주례를 보는 것 같았다. 내가 도착한 그 주 역시 한국인과 호주인의 결혼식 주례를 본다고 말했다.

호주를 떠나기 전 동생들을 불러 마지막 파티를 할 계획을 잡았다. 인호, 새벽청소를 통해서 알게 된 상윤이, 그리고 덕환이었다. 그들은 비가 억수로 쏟아지는 궂은 날씨임에도, 한두 시간 떨어진 각지에서 내가 머물고 있는 약속 장소 골드코스트 민박집으로 왔다. 그들을 기다리는 동안 나는 인터넷을 하기 위해 거실로 나왔다. 민박집 방에서는 인터넷 연결이 너무 느려 인터넷 접속조차 되지 않았기 때문이다. 그런데 거실에서 인터넷을 하고 있는 나에게 주인아저씨는 결혼식 행사를 이유로 거실에서 잠시 자리를 비우길 요청했다.

조금 이해가 가지 않았다. 결혼식 행사를 가신다는 분이 거실에서 뭘 한단 말인가? 의아했지만 일단 나는 자리를 비켜 주었다. 어차피 동생들도 거의 도착할 시간이어서 밖으로 나갈 참이었다. 아저씨는 성급하게 무언가를 준비했다. 사모님과 아저씨는 단상을 준비하고 결혼식 융단을 깔았다.

'설마 이곳에서 결혼식을……'

반신반의하며 그 모습을 지켜보고 있는 사이에 동생들이 도착했다. 장을 보기 위해 우리는 큰 짐을 민박집에 놓고 바로 외출 준비를 했다. 그런데 그때였다. 말끔하게 정장을 입은 호주인 남성과 그의 친구로 보이는 피어싱을 한 20대 초반의 호주인이 민박집 안으로 들어왔다. 그리고 뒤를 이어 한국인처럼 생긴 여성 두 명이 들어오고 있었다.

"어! 오빠! 어떻게 여기에 있어요."

"어? 네가 여기 웬일이야? 나는 친한 형이 호주 떠난다고 해서 얼굴 볼 겸 이곳에 왔거든. 근데 너는?"

"어! 그게 친구 결혼 때문에 왔어요."

"결혼?! 아니 무슨……"

더 이상 물어서는 안 되는 분위기가 감지되었다. 우리는 그 자리를 피했다. 그녀들 역시 무언의 약속이라도 한 듯 고개를 숙이며 민박집 안으로 들어갔다.

호주, 그곳에 나를 두고 오다

"너 아까 그 여자애 알아?"

"예. 같은 공장에서 일하던 여자애인데……얼마 전에 호주인과 사귄다고 하는 소리는 들었어요. 그런데 이렇게 빨리 결혼을 할 줄은……."

장을 마치고 민박집에 돌아오니 그 결혼 커플들은 이미 떠나고 없었다. 나는 주인집 아저씨에게 단도직입적으로 물었다.

"아저씨. 아까 그 사람들 정말 사랑하고 결혼하는 것 맞아요?"

"사실 모르겠어요. 처음에는 한인들 결혼하는 거 도와주려고 시작했는데 지금은 나도 헷갈려. 그냥 믿을 뿐이지. '그래도 결혼인데…….' 하고 말이지."

호주의 결혼 의식은 주례, 신랑, 신부, 그리고 그 결혼을 지켜볼 수 있는 두 명의 증인이 있으면 가능하다. 법적으로 결혼신고를 할 수 있는 것이다. 그리고 2년 동안 결혼생활을 유지하면 영주권 자격을 획득할 수 있다. 암암리에 퍼져 있는 2만 불, 3만 불을 호가하는 계약결혼 얘기가 떠올라 미간을 찌푸리게 만들었다.

Good bye Australia

———— 군 전역 날짜를 평생 기억하듯이 2012년 4월 30일 또한 평생 기억하게 될 것 같다. 그날은 바로 호주 세컨 비자 마지막 날이다. 동생들과 거나하게 파티를 한 뒤 골드코스트 쪽을 거닐다 이를 배경으로, 호주에서의 마지막이라 할 수 있는 기념촬영을 했다. 그때 유독 우리 모습을 신기하게 쳐다보는 한 여성이 있었다. 한국어로 반갑게 말을 걸었는데 일본인이었다.

그녀의 이름은 마야였다. 그녀는 골드코스트에서 타즈매니아 Tasmania로 간다고 했다. 그녀 또한 3년 전 호주워킹 경험이 있는데, 당시 많은 추억을 안고 귀국했고, 벼르고 벼르다 휴가를 내서 그때 만난 지인들을 보러 왔다는 것이다. 저녁 6시 비행기로 타즈매니아로

넘어가는데, 골드코스트 공항은 국내선과 국제선이 붙어 있어서 함께 이동해도 무방할 것 같았다. 호주워홀 경험자에, 같은 날 골드코스트 공항을 이용하는 것도 인연 같아서 함께 시내 구경을 하자고 제안했다. 그녀는 흔쾌히 수락했고, 우리와 함께 펠리컨들이 많기로 유명한 골드코스트 해변으로 향했다.

해변에 도착한 우리는 호주에서 꼭 먹어봐야 되는 음식 중 하나인 피쉬 앤 칩스를 사들고 펠리컨을 등 뒤로 점심 식사를 했다. 주변에는 소풍 나온 가족들이 유독 눈에 많이 띄었다. 손 꽉 부여잡은 채 해변을 거니는 노부부들, 먹다 남은 감자 칩을 새들에게 주는 젊은 부부, 아이를 목마 태우거나 유모차를 끌고 가는 부부 등 그 모습들이

265

자연의 일부처럼 아름답게만 보였다.

과연 나는 마야처럼 호주에 다시 올 수 있을까? 베리 아저씨와 줄리앙 아저씨한테 1년 후에 돌아온다고 했지만 6년이 걸린 것처럼 한국에 돌아가면 어떻게 될지 모른다는 생각이 들었다. 그도 그럴 것이 안부를 묻는 모든 친구들과 지인들은 나에게 말했다.

"너 그렇게 외국만 나가서 어쩌려고? 이제 정착하고 살아야지. 그리고 결혼도 해야지."

점심식사를 마치고, 골드코스트 공항으로 향했다. 공항에서 지인들과 마지막 포옹을 하며 기약 없는 만남을 약속하며 이별했다. 출국장에 들어서기 전 뒤를 돌아보았다. 내 머릿속 깊숙이 호주를 간직하기 위해 스캔하듯 오래도록 응시했다.

'Good bye! Australia!'

호주, 그곳에 나를 두고 오다

PART
6

말레이시아,
그리고
가족 여행

대한민국이 아닌, 라이따이한

말레이시아에서 50일의 여행을 계획하면서도 크게 걱정되지 않았다. 그 이유는 말레이시아에서 6년 동안 살고 있는 대학 후배 연희가 있어서다. 연희의 도움으로 고급스런 콘도형 아파트에 내 방을 미리 예약해 놓았다. 비록 방은 작았지만 내가 여태 살아온 그 어떤 집보다도 좋은 집이었다.

한국 사람들이 사는 곳은 금액을 비싸게 받아 중국인이 렌트하는 방을 구했다고 한다. 그렇게 해서 만난 집주인 아이비는 꽤나 귀여운 외모의, 말레이시아에서 대학을 다니는 대학생이었다. 그녀는 집안 식구를 소개해 주겠다며 나를 안내했다. 그녀의 집에는 프랑스인 커플과 동양인 커플이 살고 있었다. 그 중 중국인처럼 보이는 여자가 있어 인사를 나누었는데 그녀는 중국인이 아닌 베트남인이었다. 그녀의 이름은 티나였고, 일본인인 잭과 동거하고 있었다. 나는 베트남인이라는 설명을 듣자마자 우리나라에 온 베트남 처녀들이 생각났다. 농촌 노총각들에게 물건 고르듯 골라져 오는 여성들 말이다. 그녀는 그런 내 선입견과는 크게 다르게 베트남 현지에서 어엿한 사업체를 가지고 있었다. 14살의 아들을 두었으며, 나와 동갑인 34살의 이혼 경험이 있는 여성이었다. 잭 역시 이혼 경험이 있는 사람으로, 내 우려와는 달리 둘은 목하 열애 중이었다. 정말 닭살이 돋아날 정도로 애정 행각이 심했다. 티나와 잭은 나를 궁금해 했다. 내가 항시 카메라 가방에 꽂고 다녔던 태극기를 눈여겨 봤던 것이다. 나는 대한민국에서 온 여행작가라고 소개했다. 그러자 티나와 잭은 대한민국을 잘 안다고 했다. 일본인인 잭이 대한민국을 안다는 것은 놀라울 일도 아니었지만, 베트남인인 티나가 어떻게 한국을 잘 아는 것인지 궁금했다. 삼성, LG, 현대자동차 등으로 대한민국을 알 거라는 내 예상은 보기 좋게 빗나갔다. 티나가 대한민국을 알게 된 건 '라이따이한'을 통해서다.

라이따이한은 대한민국이 경제적·정치적 이유로 1964년부터 참전한 베트남 전쟁에서 한국인 병사와 현지 베트남 여성 사이에 태어난 2세를 말한다. '라이따이한'이라는 단어의 연상작용으로 '코피노'가 생각났다. 한국인과 필리핀인 사이에 태어난, 대한민국인의 피가 섞인 2세가 코피노다. 정의로 보자면 라이따이한과 코피노는 전혀 문제될 것이 없다. 다만 그들 삶의 일반적인 모습 때문에 그 단어의 의미가 모욕이 되는 것이다. 그들에게 대한민국은 '어머니를 두고 도망간 아버지의 나라', '자식을 버린 아버지의 나라'이다. 사진 한 장 남겨두고 떠난 한국인 남편을 그리워하며 눈물짓는 어머니를 볼 때마다 그들은 아버지를 향한 것인지, 대한민국을 향한 것인지 모를 증오만 키워가고 있다. 그것이 그들의 현실이다.

티나는 현재 베트남에 우후죽순 산업단지가 조성되어 몇 년 사이 많은 한국인 노동자들이 베트남으로 들어오고 있다고 말했다. 그 이야기에 나는 덜컥 걱정부터 앞섰다. 라이따이한, 코피노에 이어 또 다른 단어가, 아픈 현실이 반복될 것만 같아서……

호주, 그곳에 나를 두고 오다

다름을 틀리다고 말하지 않는 사회

말레이시아에서 6년째 생활하고 있는 연희에게 말레이시아의 무엇이 그리 좋으냐고 물었다. 그러자 '다름을 틀리다고 말하지 않는' 사회적 분위기가 좋다는, 다소 추상적인 답이 돌아왔다. 자세한 설명을 바라는 걸 눈치 채고 연희는 예를 들었다.

"저는 술은 좋아하지 않지만, 사람들과 대화하는 건 좋아해요. 그런데 술 권하는 사회인 한국에서는 은근히 스트레스 받았어요. 술을 즐기지 않는 걸 틀렸다고 생각한다는 느낌이었어요."

연희는 이제 말레이시아가 제2의 고향이 되었단다. 비록 한국보다는 적은 임금이지만 마음만큼은 더없이 행복하다고 했다. 굳이 말하지 않아도 말레이시아 생활에 만족해하고 행복해하는 걸 느낄 수 있었다. '너 연봉 얼마 받아?', '결혼은 언제 할 거야?' 등 민감할 수 있는 부분을 너무도 쉽게 걱정이라는 명목으로 툭툭 건드리는 대한민국 사회를 떠올리니, 그녀가 말하는 '다름을 인정해주는' 말레이시아가 왜 좋은지 알 것도 같다.

연희는 말레이시아 생활을 느끼게 해주고 싶다며 직장 워크숍에 나를 초대했다. 나는 흔쾌히 수락했다. 말레이시아에 지인은 연희밖에 없어서 더 많은 이들을 만나고 싶었다. 티나와 잭과 친구가 되긴 했지만, 어느 정도 거리감이 있었다.

연희 직장의 워크숍 장소는 Asian water sports village라는 곳이었다. 이곳은 35링깃(한화 12,000원)에 수상 스포츠와 바비큐를 즐길

호주, 그곳에 나를 두고 오다

수 있는 곳이다. 오랜만에 새로운 사람들과 갖는 술자리여서 내심 기대했다. 그런데 막상 그곳에 가보니 내가 기대했던 상황과는 조금 다른 난감한 상황이 벌어졌다. 수상스포츠를 즐기는데 히잡을 쓰고 나타난 태국 여성들, 채식주의자라 바비큐를 못 먹는다며 떠나는 친구, 종교 때문에 중간 중간 예배를 드리는 이슬람 신도들 등 단합을 위해 모인 워크숍 자리가 개인의 취향에 따라 움직이고 있었다. 그런데 누구도 불만은 없어 보였다.

"연희야! 그래도 단합하려고 온 건데. 어찌 애들이 다 저녁도 안 먹고 간다."

"쟤네들 바빠요. 종교 때문에 돼지고기 못 먹고, 그리고 술도 못 먹으니 여기 있을 이유가 없죠."

"그래도 명색이 워크숍인데, 자리에 오래 남아 있어야 되는 거 아니야?"

"선배! 여기는 말레이시아에요."

맞다. 이곳은 한국이 아닌 말레이시아였다. 나는 어느새 내 안의 잣대로 그들을 평가하는 오만함을 보였다. 훈장질하며 다른 것을 틀리다고 말하는 나의 오만함이었다.

술과 고기를 그다지 좋아하지 않았던 연희가 대한민국 사회에서 살아남기 위해 억지로 끌러 다녔다는 우리나라의 회식문화, 단합을 위해서라며 다수의 의견으로 소수의 의견을 묵살하는 사회, 그 사회 속 연희의 모습은 철저히 이기적이고 틀리다고 평가되는 모습이었다. 하지만 이곳 말레이시아 사회는 연희의 모습을 존중했으며 세상 모든 다른 사람들을 이해하며 포용했다. 대한민국도 다름을 틀리다고 말하지 않는 사회가 될 수 있을까?

그녀는 대한민국 사람과
만나기를 거부했다

아이비가 새로운 쉐어생을 받기로 했다. 마스터룸을 쓰던 프랑스커플이 요금이 더 저렴한 집으로 옮겼기 때문이다. 내심 한국 사람이 쉐어생으로 오기를 바랐는데, 몇몇 방을 보러 오는 사람들은 중국인들뿐이었다. 내가 오가다 느낀 바로는 그랬었는데, 아이비 말로는 한국인이 있었단다. 결국 한국인 여성을 쉐어생으로 들이기로 했다는 것이다.

'이상하다. 내가 본 사람들은 분명 중국인이었는데.'

얼마 안 있어 한국인이라는 그녀가 이사를 왔다. 그녀가 무슨 일을 하는지는 모르겠다. 다른 사람하고 대화하는 것을 꺼려했기 때문이다. 그녀는 말 그대로 혼자만의 시간을 좋아하는 것처럼 보였다. 첫 대면 때 외지에서 만난 한국인인지라 나는 반갑게 인사를 건넸다. 그런데 그녀는 고개만 까딱할 뿐이어서 순간 무안해졌다.

티나는 새로운 쉐어생도 들어왔고, 앞으로 잘 지내자는 의미로 베트남 요리인 월남 쌈을 준비했다. 티나는 정성껏 준비한 월남 쌈을 들고 그녀의 방 앞에서 그녀를 불렀다. 잠을 자고 있는지 기척이 없었다. 티나는 아무래도 같은 한국인이니 편하게 이야기할 것이라는 생각에 내게 그녀를 불러달라 부탁했다. 내키지는 않았지만 티나의 정성을 생각해서 그녀를 불렀다.

그녀는 주섬주섬 무엇을 챙기는 소리가 나더니 그제야 문을 열었다. 그리고 월남 쌈을 먹어보라는 이야기에 자기는 그런 것 싫어한다며 안 먹겠다고 말하고 쌩 하고 문을 닫아버렸다. 화가 났다. 아무리 그래도 주는 사람 성의를 생각해서 고맙다는 인사 정도는 하는 것이 예의인 것을……. 나는 티나에게 지금 배탈이 나서 못 먹는다고 애써 거짓으로 전하며, 그 상황에 대해서 티나가 상처받지 않게끔 했다. 하지만 티나는 한국말은 모르지만, 어떠한 상황이었는지 짐작한 듯싶었다.

내가 그곳에서 지내는 동안 그녀와는 이야기를 나눌 일이 없었다. 시간이 흐르고 나는 말레이시아 생활을 정리하고 그 다음 일정지인 필리핀으로 가야 했다. 아이비와 티나는 떠나는 나를 위해 마지막으로 함께한 저녁식사에서 준비한 선물을 주며, 조촐한 송별회를 해주

호주, 그곳에 나를 두고 오다

었다. 그런데 이날 아이비는 내게 충격적인 말을 전했다. 그동안 같이 지냈던 한국여성이 내가 나가는 것을 보고 그 다음 사람을 받을 때 한국인은 절대로 받지 않았으면 좋겠다고 말했다는 것이다. 한국인은 같은 한국인에게 간섭을 너무 많이해서 싫다는 그녀만의 이유로 말이다.

외국인들에게는 '친절한 한국인'으로 인식되지만 같은 한국인에게는 '만나기 싫은 한국인'이 되어 버렸다. 본인도 한국인이면서 '한국인은 ~해서 싫다'라며 부정해 버린다. 대한민국 사람이 외국에 가면 대한민국 사람이기를 부정하는 것으로밖에 안 보인다. 그 현실이 바로 외국 내 우리나라 사람의 일반적인 모습이다.

그들은 차라리 필엠으로 태어나길 바랐다

호주와 말레이시아를 지나 필리핀 클락(Clark)으로 왔다. 한국인들이 섹스관광을 위해 많이 찾는다는 곳, 아이스크림공장, 펩시공장 등 각종 공장이 밀집한 곳으로 유명한 앙헬레스(Angeles) 안에 있는 곳이 클락이다. 나는 클락 CIP어학원에 잠시 머물기로 했다. 유학원에 재직했을 동안 알고 지냈던 인연 때문에 하루 머물기로 한 것이다.

CIP어학원은 클락에서 가장 오래된 어학원으로 앙길레스 시티의 편견에 맞서 명맥을 유지하고 있는 어학원이다. 실제로 학교 관계자들과 클락에 살고 있는 교민들은 앙길레스 시티에서 벌어지는 추악한 한국인들 때문에 꽤나 많은 피해를 보고 있다고 한다. 그래서 그들은 한국인의 이미지 개선을 위한 프로그램을 자체적으로 운영하고 있었는데 특히나 가장 큰 문제가 되고 있는 코피노를 위한 봉사활동을 많이 진행하고 있었다.

지금도 클락 내 빈민가에는 코피노들이 하루하루 연명하며 살아가고 있다. 섹스관광을 온 한국인들이 그들의 아버지다. 이들은 자신들을 버리고 간 아버지의 나라 대한민국을 증오한다. 삼성, LG 등으로 대표되는, 부자나라로 인식되는 대한민국은 그들에게는 증오하는 아버지가 사는 나라일 뿐이다.

그런데 문제는 이들이 노숙생활을 하는 필리핀인들 사이에서도 왕따가 되고 있다는 것이다. 한국인에 대한 이미지가 안 좋은 상태에서 한국인의 피가 섞인, 조금 다른 얼굴을 하고 있는 코피노들을 왕 따시키고 있는 것이다. 2012년 여러 개의 태풍이 필리핀에 몰려왔 고, 클락에서도 많은 사상자가 발생했다고 한다. 자연이 아름다운 나라, 필리핀이라고 인식하는 한국인이 많다. 그런데 실제로 필리핀 에서는 알게 모르게 인명 사고가 많이 일어난다고 한다. 그 중에서도 호적신고조차 하지 않은 코피노들은 그야말로 아무도 모르게 죽어 나간다고 한다.

예전 미국 공군기지가 있었던 관계로 필리핀 클락에는 많은 필엠 (필리핀 어머니와 미국인 아버지 사이에 태어난 자녀)들이 존재한다. 그들은 대부분 부유한 아버지 덕으로 최소한 아버지가 떠나더라도 두둑한 양육비를 받아 정규 교육을 받으며 자란다. 하지만 코피노들은 대부 분 태어날 때부터 버림받아 하루하루 구걸을 하며 생명을 연장한다.

코피노들은 어차피 없는 아버지라면 왜 미국인이 아닌 한국인인지 원망하고, 한국인 아버지를 선택한 어머니를 욕하고 있을지도 모른 다. 코피노의 현재 삶이 나아지지 않는 한 코피노라는 단어가 주는 이미지, 대한민국의 이미지는 부정적일 것이다.

TIP 연간 수만 명의 필리핀 어학연수로 인해 코피노의 수는 기하급수적으로 늘어나, 현재 만 명 이상의 코피노가 세계재난구호협회와 NGO 등의 구호를 받고 있다.

호주, 그곳에 나를 두고 오다

PART 6 • 말레이시아, 그리고 가족 여행

그녀들에게 추억을 선물하다

쓸쓸한 마음을 안고 클락을 떠나 세부(Cebu)로 향했다. 세부는 내게 있어 이제 제2의 고향이 돼버렸나 보다. 비록 가난하지만 사람 좋은 웃음으로 나를 반겨주는 세부의 모든 것이 친숙했다. 나는 이번에도 유학원 재직 당시의 인연으로 CDU어학원에 머물 수 있었다.

여장을 풀고 필리핀에 와서 가장 하고 싶은 것을 했다. 그것은 마사지였다. CDU어학원 건물 옆에 마침 필리핀 마사지 프랜차이즈 샵 누에타이 점이 있었다. 한창 학생들이 수업 중이라 그런지 그곳에는 나 외에는 손님이 없었다. 워낙 외지에 나가면 친구 사귀기를 좋아하기에 그들과 두런두런 이야기를 나누며 안면을 텄다. 처음에는 영업

BARBECUE

적인 마인드로 친근함을 표시했던 그들도 서서히 친구로서 나를 받아들이는 듯 했다.

마사지가 끝나고, 나는 그들에게 식사를 제안했다. 물론 그들에게 돈을 걷거나 하지는 않았다. 그들이 어느 정도의 임금을 받으며 일하고 있는지도 알고 있었고, 그들 임금 중 대부분이 자신의 가족들에게 송금되어진다는 것도 알고 있었다. 그들은 꽤 놀란 눈치였다. 그도 그럴 것이 많은 손님들이 왔지만, 회식을 시켜주겠다며 다가온 사람은 드물었기 때문이다.

나는 근처 슈퍼마켓에 가서 과자와 맥주 등 간단한 요깃거리를 사왔다. 그리고 그들의 이야기를 들을 수 있었다. 그들 대부분은 가정형편이 어려워서 이 일을 시작한 친구들이었다. 그들 중 최고 막내는 17살이었는데, 12살 때 민다나오에서 세부로 건너와 5년째 돈을 벌고 있다고 한다. 그녀에겐 12형제가 있었으며 그녀의 임금 대부분은 가족에게 보내지고 있었다. 그녀는 문맹이었다. 태어날 때부터 그녀는 일을 해야만 되었고, 공부는 잘 사는 사람들의 사치라고만 생각했기 때문이다.

나는 술 한 잔 한 잔 먹을 때마다 그녀들의 사연에 숙연해졌다. 생각해보면 그들이 가지지 못한 것을 가지고 있으면서도, 나는 나보다 더 많은 것을 가진 사람에 대한 질투로, 내 안의 행복을 깨닫지 못했기 때문이다. 그들은 내가 많은 돈을 쓰는 것 같아 보였던지 분명히

호주, 그곳에 나를 두고 오다

더 먹을 수 있으면서도 많이 먹었다며 손사래를 쳤다. 그들에게 조금이라도 더 베풀고 싶었다. 그리고 그들이 맛있는 것을 먹었던 날로, 추억할 수 있는 날이 되기를 기원했다.

그날 나는 10명의 회식에 3만 원이 안 되는 돈을 썼다. 3만 원으로 그녀들의 추억 한 페이지에 나를 새겨 넣을 수 있었다. 그날 썼던 돈은 아주 값지게 쓰여진 것 같아 전혀 아깝지 않았다.

그저 아들의 상처만 쓰다듬을 뿐이었다

2012년 7월 11일 새벽 2시. 나의 가족이 세부퍼시픽을 통해 세부 막탄 공항에 도착하는 시간이다. 2011년 2월 5일 인천 공항 이후 약 1년 6개월 만의 해후다. 내 가슴은 먹먹한 느낌으로 가득했다. 생각해보면 성공하겠다고 호주에 갔는데 팔에 훈장같은 화상 흉터까지 남겼으니……부모님께 못난 자식이 된 것만 같았다.

필리핀 세부에는 비가 주룩주룩 내리고 있었고, 가족들이 타고 오는 비행기는 연착되고 있었다. 피고인이 대법원 앞에 서서 마지막 선고를 기다리듯 부모님이 나를 보고 어떤 반응을 보일지 긴장되었다. 그렇게 한 시간 남짓 지났을까 가족이 타고 온 세부퍼시픽 항공이 도착했다는 안내방송이 나왔다.

여행 가이드들은 푯말을 들고 단체여행객들을 안내했다. 한 무리의 여행객이 지나가자 저 멀리서 형과 형수님 그리고 아버지와 어머니가 보였다. 나는 이산가족 상봉이라도 성사된 듯 '아빠! 엄마! 형!'을 외쳤다. 다행히 가족들은 건강해 보였다. 특히나 아버지는 생각했던 것보다 정정한 모습으로 들어오고 계셨다.

어머니는 다친 팔이 이거냐며 아들의 상처만 쓰다듬었다. 미리 예약한 호텔로 가는 도중에도 어머니는 상처만 쓰다듬었다. 아버지는 '이곳이 필리핀이구나!', '자식 때문에 이런 데도 와보는구나!' 하시며 감탄을 연발하셨다. 부모님의 모습을 보면서 마음 졸이며 기다렸던 나는 크게 깨달았다.

부모님께 내가 호주에서 돈을 얼마나 벌었으며 어떻게 살았는지는 그다지 중요한 것이 아니었다. 부모님께 중요한 것은 지금 이 순간, 자식들과 함께 여행을 왔다는 것, 그리고 막내 아들이 건강하게 돌아왔다는 것이었다.

Welcome Taeho's family!

고희연을 앞두고 있는 아버지와 어머니는 여태 외국에 나간 적도 없고, 그 흔하디 흔한 마사지 한 번 받아본 적 없다. 부모님이 필리핀을 방문하면 가장 먼저 해드리고 싶었던 것은 마사지다. 그리고 마사지숍 누에타이에 근무하는 필리핀 친구들도 소개시켜주고 싶었다. 필리핀 마사지사 친구들에게 이야기하자 그들은 기꺼이 우리 가족을 위해 그 시간대엔 아무 손님도 받지 않겠다고 말했다.

오후 네시쯤 부모님과 형님 내외를 모시고 도착한 누에타이는 비록 휘황찬란한 최첨단 스파가 아닌 저렴한 마사지 프렌차이즈 숍이었지만 그날만큼은 특별대우를 하듯 우리 가족만을 맞이했다. 친구

들은 우리를 귀하게 맞아준다는 느낌 가득하게 환영인사를 했다. 그들은 미리 준비한 멘트인 '안녕하세요!', '환영합니다!'를 연발하며 처음 외국인을 맞이해 어려워하는 부모님을 안심시켰다. 그렇게 편안한 마음으로 누에타이를 들어가는데 메인 게시판에 낯익은 사진과 이름이 눈에 들어왔다.

"Welcome Taeho's family!"

그동안 그녀들과 함께 나눴던 추억이 담긴 사진들이 게시판 한가득 예쁘게 장식되어 있었다. 마음이 뿌듯했다. 누에타이 친구들은 전부터 내게 선물을 해주고 싶다고 말했었다. 그 선물이 바로 우리 가족을 위한 선물이었던 것이다. 게시판의 사진들은 내가 그들에게 있어 소중한 존재라는 느낌을 전달해 주었다. 필리핀의 한 곳에 내 자리가 있는 것이다. 부모님은 그 사진을 보시며 우리 아들 어디 가도 먹고 사는 데 지장 없을 거라며 대견스러워 하셨다. 필리핀 친구들에게 그 어떤 것보다 소중한 선물을 받았다.

마사지의 시작은 발 마사지부터였다. 아버지는 주저하며 신발을 벗고, 망설이며 양말을 벗으셨다. 그동안 감춰졌던 아버지의 발이 보였다. 휘어진 발가락이 눈에 들어왔다. 얼마 전 오토바이 사고로 발가락이 뒤틀린 것이다. 아버지는 조금은 부끄러운 듯 시선을 어디에 둬야 할지 난감해 하시는 것 같았다. 나는 그냥 편안히 몸을 뒤로 젖히고 있으시면 알아서 해줄 거라고 안심시켜 드렸다. 마사지가 시

호주, 그곳에 나를 두고 오다

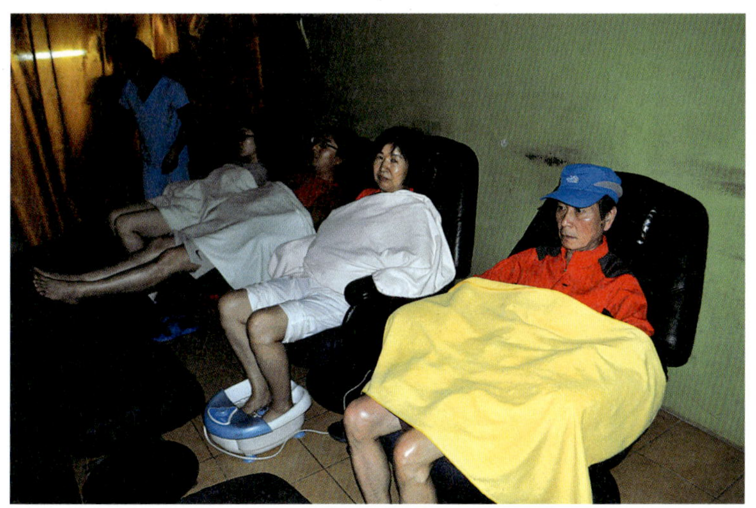

작되고, 나는 내 생각이 너무 짧았음을 뒤늦게 깨달았다. 뒤틀린 발가락 때문에 마사지를 제대로 할 수가 없었기 때문이다. 조금의 지압에도 아버지의 표정은 일그러지셨다. 아버지는 저렇게 불편한 발로 온종일 서서 다리미질을 하셨다는 생각에 콧잔등이 시큰해졌다.

아버지와 달리 어머니는 발 마사지에 굉장히 만족해 하셨다. 그런데 어깨 마사지를 받으실 때는 얼굴이 좋지 않으셨다. 그도 그럴 것이 어머니와 형은 갑상선암 수술로 인해 어깨 부위가 단단하게 굳어 있었기 때문이다. 그런 굳은 어깨에 지압을 가하니 아무래도 많이 아픈 것 같았다.

1시간 30분간의 마사지가 끝나자, 아버지는 그동안 발이 너무 아 팠는데 신기하게도 마사지를 받았더니 안 아프다고 말씀하셨다. 어 머니 역시 어깨가 너무 굳어 있었는데 마사지 받아서 그런지 기운이 난다며 아들의 기를 살려주셨다. 우리 자식 때문에 호강한다는 부모 님 모습을 보며 그동안 아무것도 못해준 불효자는 속으로 울었다.

호주, 그곳에 나를 두고 오다

사라진 추억 하나

이번 가족여행지로 보홀(Bohol)을 선택한 것은 세부에서 2시간밖에 떨어지지 않은 점도 있지만 여러 가지 볼거리가 많기 때문이기도 하다. 로복콩 리버 투어, 초콜릿 힐 등은 한국인들이 많이 찾는 관광명소다. 그러나 내가 다른 무엇보다 보홀을 찾고자 했던 이유는, 세계에서 가장 작은 원숭이 터니셔를 가까이서 볼 수 있다는 점 때문이다. 1년 전 필리핀 어학연수 당시 터니셔와 함께 가까이 사진을 찍은 경험이 꽤나 기억에 남아서다.

그렇게 다시 찾게 된 터니셔가 있는 농장은 일 년 새 많이 달라져 있었다. 예전에는 무료관람이 가능했고 터니셔와 자유롭게 사진 촬영이 가능했던 곳이, 리모델링되어 있었고 터니셔와의 사진 촬영도

제한되어 있었던 것이다. 관광 가이드에게 1년 전 터니셔와 찍은 사진을 보여주며 어찌된 영문인지 물었다. 가이드는 내게 충격적인 말을 전했다.

"1년 전까지만 해도 무료관람도 가능했어요. 그리고 터니셔와 함께 사진을 찍을 수 있는 기회도 있었고요. 그런데 자신의 추억으로 삼는다며 터니셔의 털을 뽑는 사람도 있었고, 심지어 납치(?)를 하려는 사람도 있었기 때문에 멸종동물로 지정돼 있는 동물의 보호를 위해서 막았어요."

부끄러움이 밀려 왔다. 1년 전 터니셔를 보고자 보홀을 찾았을

호주, 그곳에 나를 두고 오다

때 나도 무분별한 한국인의 행동에 이맛살을 찌푸린 적이 있었기 때문이다. 한두 명이 아니었다. 세계에서 가장 작은 원숭이를 마치 장난감 다루듯 대하는 모습, 이를 제지하는 필리핀인들에게 돈을 원하는 거냐며 팁을 주는 행동을 하던 어글리 코리언의 모습이 기억났다.

불과 1년 전만 해도 더불어 살아야 할 인간과 동물의 사이는 가까웠다. 그런데 인간의 이기적인 행동으로 그 사이에 벽이 생긴 것이다. 한국인인 우리에게 직접적으로 말은 안 했지만, 일부 무질서한 한국인의 행동으로 인해 철조망이 가로놓여져 있었다.

내가 계획했던, 보홀에서 만들 수 있었을 소중한 추억 하나가 사라졌다.

Good bye, Philippines!

보홀의 화이트 비치 그리고 시티투어로 그렇게 길게만 느껴졌던 3박 5일간의 일정이 끝나가고 있었다. 더 많은 것을 구경시켜주고 싶은 마음 간절했지만 시간이 너무 부족했다. 더군다나 시도 때도 없이 비가 오는 것도 이동에 큰 불편을 안겼다.

여행의 마지막 날인 2012년 7월 14일에 나는 가족과 함께 서울로 돌아가기로 했다. 마지막 날은 오후 3시 비행기라 어디 여행을 가기에도, 점심만 먹고 가기에도 애매했다. 여러 가지 생각 끝에 마지막으로 부모님에게 타이마사지를 한 번 더 받게 해드리는 것이 낫겠다는 결정을 내렸다. 그런데 문제는 오픈시간이었다. 누에타이 숍의 오픈시간은 오후 1시였다. 누에타이 친구들에게 혹시 12시에 마사지가 가능하냐며 협조를 구했다. 그녀들은 흔쾌히 수락했다.

오전 11시에 밴을 타고 그곳으로 이동했는데 밴 창문 너머로 지프니(jeepney)를 타고 지나가는 필리핀 친구들이 보였다. 그들은 빨리 가서 준비할 테니 걱정하지 말라고 당부했다. 오후 12시, 그날 누에타이 숍은 영업 이래 최고 이른 시간에 오픈했다. 우리 가족만을 위해 예외를 두었던 것이다. 마사지를 받고 숍을 나오는 나와 우리 가족에게 누에타이 친구들은 열쇠고리를 선물해 주었다. 그리고 다음 만남을 기약했다. 공항으로 향하는 밴에 올랐고, 차창 밖으로 손을 흔드는 누에타이 친구들이 보였다. 그들의 모습에서 호주, 말레이시아, 필리핀에서 만난 소중한 인연들이 프리즘처럼 겹쳐졌다.

호주워킹 나는 성공했는가?
실패했는가?

1년 6개월 동안 필리핀, 호주, 말레이시아를 경험하고 왔다. 역시나 대한민국 사회는 나에게 성과물을 보여 달라고 말한다. 나는 사회에서 원하는 성과물을 들고 오지 못했다. 6년 전 호주워킹에서와 마찬가지로 사회에서 요구하는 것을 가지고 오지 못했다.

하지만 6년 전에는 깨닫지 못한 행복의 의미를 깨닫고 왔다. 지금 이 순간의 행복을 결정짓는 것은 내 안의 마음가짐이라는 것을 깨달았다.

내가 돈 몇 천만 원을 벌어 왔다면 나는 호주워킹에 성공한 것일까? 혹은 내가 사회가 요구하는 영어점수를 가지고 오면 성공한 것일까?

생각해 보면 나는 남들에게 훈장질하면서도 결국 그 두 마리의 토끼를 잡으려 했던 워홀러였다. 그러다 불의의 사고가 나면서 내 삶을 뒤돌아보게 되었다. 왜 그렇게 항상 얼굴을 잔뜩 찌푸리며 사느냐는 필리핀 친구들의 조언을 그때는 몰랐다. 나는 호주워킹을 또 다시 경험하며, 원효대사가 왜 해골에 고인 물을 맛있게 먹었는지 깨달았다.

그 누군가는 나에게 또 호주워킹 가서 놀다 왔냐고, 또 실패했다고 이야기할지 모른다. 하지만 나는 묻고 싶다. 당신이 다녀온 여행지에서 당신을 기다리는 현지인이 있는가? 그들의 추억의 한 페이지에 자신을 새겨 넣은 적이 있는가? 나는 호주 콥스하버에서, 혹은 세부에서, 혹은 쿠알라룸프루에서 내가 다시 오기만을 기다리는 친구들이 있다. 나는 한 사람의 추억 속에 내 자리를 만들었다. 그리고 다음 추억을 함께하도록 자리를 비워뒀다.

내 행복의 기준은 사람이다. 그동안 내가 돈을 많이 벌어도 행복하지 않았던 건, 내 안의 행복 소스를 잘못 알고 있었던 탓이다. 나는 지금 이 세상 그 어떤 누구보다 행복하다. 내가 발자취를 남겼던 곳에 나를 반겨줄 수 있는 친구들이 있다는 것만으로도 나는 충분히 행복한 사람이다.

나는 호주, 그곳에 나를 두고 왔다.

Fishers Point

부록

호주, 이것만은 알고 가자

호주는 어떤 나라인가요?

수 없이 많은 워홀러들이 워킹 홀리데이를 떠나기 전 어느 지역으로 떠날지를 고민한다. 시드니, 멜버른, 브리즈번 등 호주의 대표적인 6대 도시의 분위기와 교통, 물가, 한국인 비율을 간략하게 살펴보고 나에게 맞는 도시를 선택해 보자.

호주의 특징

호주의 인구는 약 1천 8백만 명이다. 인구의 약 70%가 10대 도시에 살고 있으며, 대부분 동쪽과 동남쪽 대륙의 해안선을 따라 집중되어 있다.

호주는 인구의 4분의 1이 해외 출생자며 대부분 아시아와 유럽 출신이다. 이러한 다문화주의는 호주의 음식문화에도 많은 영향을 주어 동서양의 독특한 맛을 지닌 다양한 요리를 경험할 수 있다.

호주는 각 주마다 날씨, 역사 및 민족성이 다르기 때문에 워킹 홀리데이 지역을 정할 때 어느 지역이 자신에게 적합한지 고려하여 결정하는 것이 좋다.

호주의 6개 주와 2개 특별구

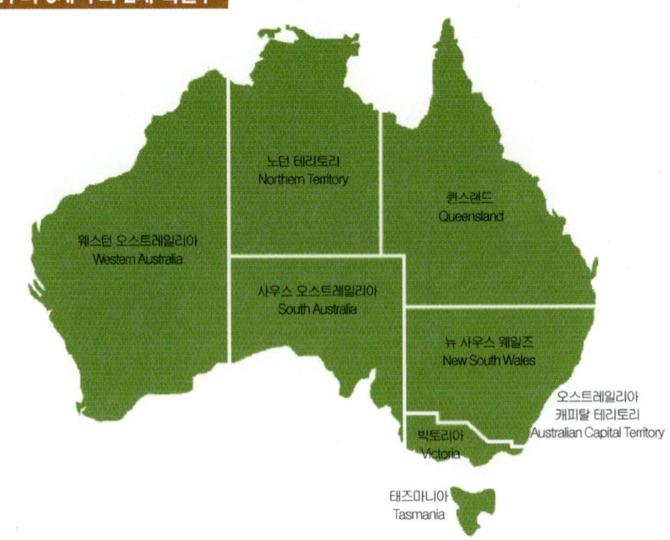

호주 기후는 넓은 땅덩이에 걸맞게 열대기후에서부터 온대기후까지 고르게 분포하고 있다. 호주 북부의 80%, 호주 서부의 40%는 열대기후에 속하고, 다른 지역은 온대기후에 속한다. 호주의 여름은 12월에서 2월까지, 가을은 3월에서 5월, 겨울은 6월에서 8월까지, 그리고 봄은 9월에서 11월까지다.

각 도시 별 기온(최저~최고)

	시드니	멜버른	브리즈번	퍼스	애들레이드	호버트	캔버라	다윈
1월	18-26	14-26	21-29	18-30	16-28	12-22	13-28	25-32
2월	19-26	14-26	21-29	19-30	16-28	12-21	13-27	25-32
3월	17-25	13-24	19-28	17-29	14-25	11-20	11-24	25-33
4월	15-22	11-20	17-26	14-25	12-22	9-17	7-20	24-33
5월	11-19	8-17	13-23	12-21	10-18	7-14	3-15	23-33
6월	9-17	7-14	11-21	10-19	7-16	5-12	1-12	21-31
7월	8-16	6-13	10-20	9-18	7-15	4-12	0-11	20-31
8월	9-18	7-15	10-22	9-18	8-16	5-13	1-13	21-32
9월	11-20	8-17	13-24	10-20	9-18	6-15	3-16	23-33
10월	13-22	9-20	16-26	12-22	10-21	8-17	6-19	25-34
11월	16-24	11-22	18-28	14-25	12-24	9-18	9-23	26-34
12월	17-25	13-24	20-29	16-27	14-26	11-20	11-26	26-33

호주의 시차

호주는 시차에 따라 3개의 시차구역으로 나누며, 10월말부터 3월말까지 서머타임을 실시하고 있다. 이 기간에는 평균시간보다 시계를 1시간 빠르게 조정해야 한다.

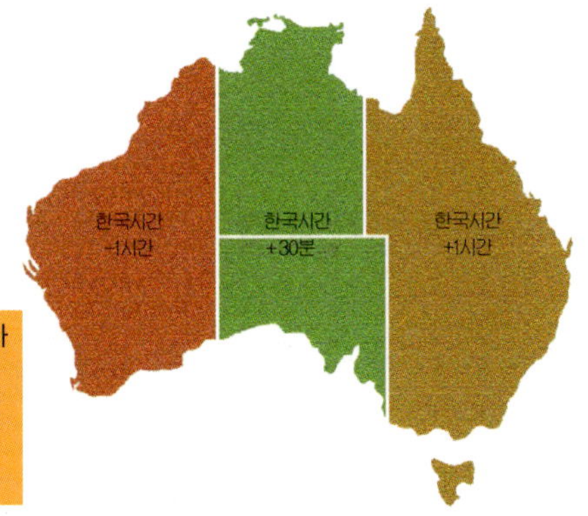

- 뉴사우스웨일즈 주, 퀸즐랜드 주, 태즈마니아 주, 빅토리아 주, 캔버라 주 : **한국시간+1시간**
- 노던테리토리 주, 사우스 오스트레일리아 주 : **한국시간+30분**
- 웨스턴 오스트레일리아 주 : **한국시간-1시간**

호주의 6대 대도시 정보

'어느 지역은 물가가 비싸다던데…', '어느 도시는 한국인이 너무 많던데…', '어느 지역은 일거리가 없다던데…' 이렇게 많은 워홀러들이 워킹 홀리데이를 떠나기 전 어느 지역으로 떠날지를 고민한다.시드니, 멜버른, 브리즈번 등 호주의 대표적인 6대 도시의 분위기와 교통, 물가, 한국인 비율을 간략하게 살펴보고 나에게 맞는 도시를 선택해 보자.

시드니 Sydney

호주의 도시 중에서 가장 많은 인구가 밀집한 곳으로 주민들은 대부분 해안가에 살고 있다. 이곳에는 밀림과 산악 지대. 사막지대가 섞여 있으며 노스 코스트(NORTH COAST)에는 금빛 백사장과 항구들이 자리 잡고 있다

- **어학 활동 |** 학교 선택의 폭이 넓지만 복잡하고 시끄러워 공부하는 분위기로는 적당하지 않음. 학교의 질이 떨어지는 곳이 많으며 학비가 비싼 곳이 많으니 주의할 것.
- **한국인 비율 |** 한인사회가 발달하였고 한국인이 포화상태.
- **기타 |** 교통이 발달하여 주변 도시로 이동이 쉽다. 물가가 비싸서 생활비가 많이 든다.

브리즈번 Brisbane

브리즈번은 맑은 날씨와 열대성 기후의 특징을 보이며 현재 호주에서 가장 빠른 성장을 보이는 곳이다. 브리즈번 북쪽으로는 백사장 및 해안호들을 볼 수 있는 '선샤인 코스트'가 있고, 남쪽으로는 관광객들로 북적이는 유명한 '골드코스트'가 자리 잡고 있다.

- **어학 활동 |** 호주 3대 도시지만 복잡하지 않아서 공부하기 좋은 분위기. 학교의 수준차이가 심하지 않다.
- **한국인 비율 |** 한국인 비율이 점점 높아지고 있다.
- **기타 |** 날씨가 연중 온화, 골드코스트가 주변에 있어 주말을 이용해 여행하기 좋으며, 물가가 적당하다.

멜버른 Melbourne

멜버른은 고풍스러운 건물과 현대적 감각의 건축물들이 함께 어우러져 있으며, 아름다운 식물원과 멋진 식당들이 많고, 예술가들이 활발하게 활동하는 도시다. 또한 다양한 스포츠 행사가 열리며 호주의 가장 유명한 경마 레이스인 '멜버른 컵'을 개최한다.

- **어학 활동 |** 시드니와 비슷하게 학교의 수

준별 차이가 많아 질이 나쁜 학교를 갈 경우 낭패를 당할 수가 있다.

- **한국인 비율 |** 중국인과 한국인 비율이 높다.
- **기타 |** 교통이 발달하여 주변 도시로 이동이 쉽지만 물가가 비싸서 생활비가 많이 든다. 비가 많이 오며 날씨가 변덕스럽다.

애들레이드 Adelaide

애들레이드는 호주 내에서도 가장 건조한 곳이다. 전체 면적의 60%가 사막으로 연간 강수량이 250mm 미만인 곳이 80%에 달한다. 애들레이드는 빅토리아풍의 건축물들이 가장 잘 보존되어 있으며 비옥한 토지와 이상적인 기후로 인해 양질의 와인이 생산되고 있다.

- **어학 활동 |** 공부하기 좋은 도시
- **한국인 비율 |** 한국인이 점차 많아지는 추세지만 현지에 있는 학생들끼리 어울려 놀아도 결국은 공부밖에 할 것이 없다는 이야기가 나올 정도의 분위기를 가지고 있는 도시.
- **기타 |** 조용하고 한적하지만 일자리가 다른 도시에 비해 많지 않다.

케언스 Cairns

세계적 유산으로 선정된 그레이트 베리어리프를 포함하고 있는 케언스는 스노쿨링과 스쿠버 다이빙을 통해서 수 만 가지의 열대 산호초를 감상할 수 있으며, 데인트리 열대우림에서는 경이로운 자연경관들을 감상할 수 있다.

- **어학 활동 |** 해양스포츠를 즐기는 관광도시로서의 이점을 살린 엑티비티를 이용한 학교가 많이 운영되고 있다. 아카데믹한 공부를 원하는 사람보다는 관광을 즐기면서 공부를 하고자 하는 사람에게 좋은 도시다.
- **한국인 비율 |** 한국인 비율이 점차 높아지고 있다.
- **기타 |** 1년 내내 여름이며 12월부터 2월까지는 열대기후로 무척 덥다. 각종 해양 스포츠가 저렴하며 교통비가 적게 든다.

퍼스 Perth

퍼스는 스완 강가에 위치하고 있으며 친근함과 편안한 느낌을 주는 동시에 각종 현대적인 편의시설을 갖추고 있다. 시내에서 불과 몇 분 거리에 하얀 백사장을 즐길 수 있는 곳이다.

- **어학 활동 |** 깨끗하고 조용한 환경
- **한국인 비율 |** 도시 분위기는 브리즈번과 비슷하지만 한국인 비율이 상대적으로 낮다.
- **기타 |** 다른 도시로 이동하기 어려워 고립감을 느낄 수 있다.

● 호주, 이것만은 알고 가자

🐀 워킹 홀리데이 비자가 뭐죠?

여러분이 호주를 가는 목적은 무엇인가? 영어공부인가? 여행인가? 일인가? 물론 이 책을 읽는 여러분은 일하면서 영어도 배우고 여행도 다니는 워킹 홀리데이가 목적일 것이다. 하지만 아직 확실한 목적이 정해지지 않았다면 다음의 비자 종류를 잘 살펴보고 목적에 맞는 비자를 선택하자.

워킹 홀리데이 비자

일을 하면서 여행을 할 수 있도록 허가해준 비자, 일생에 1번만 받을 수 있으며 비자 발급일로부터 1년 이내에 호주에 입국해야하며 그 시점부터 1년간 비자의 효력이 발생한다.

워킹 홀리데이 비자는 관광 취업 사증협정 체결 국가(호주, 일본, 캐나다, 뉴질랜드) 내에 관광(Holiday)을 주목적으로 입국하는 청년들에게 단기 취업활동을 통하여 여행 경비의 일부를 충당할 수 있도록 허용하는 '관광취업비자'로 어학연수, 아르바이트, 여행이 모두 가능한 문화체험 중심 비자라고 할 수 있다. 워킹 홀리데이의 목적은 협정 체결 국가 내에 방문하는 청년이 해당국가의 문화, 풍습 및 생활양식을 보다 깊게 이해하는 기회를 제공하여 견문을 넓힘으로써 국가 간 상호 이해 및 교류 증진을 근본 취지로 하고 있다.

특징

- 만 18세에서 30세까지 신청 가능하다.
- 해당국에 한하여 평생 1회 발급한다.
- 합법적으로 노동권을 보장받으며 현지에서 일할 수 있다.
- 비자 발급 이후 12개월 이내에 해당국에 입국하여야 한다.
- 체류기간은 호주 입국일로부터 12개월이다.
- 현지 체류 중 기타 주변 국가를 다녀올 수 있다.
- 체류기간 중 17주까지 어학연수가 가능하다.
- 한 곳에서 최대 6개월까지 일을 할 수 있다.
  ※ 2013년 1월부터 워킹 홀리데이 비자 신청비가 A\$365로 바뀌었다.

3개월 미만의 여행 혹은 업무 목적으로 호주를 방문할 때 신청하는 비자

취득조건

- 유효한 여권을 소지한 경우
- 호주방문 목적이 여행, 친지방문, 업무상 회의 참석일 경우
- 호주에서 일할 목적이 아닌 경우
- 3개월 이상 체류가 아닌 경우
- 건강상 문제가 없거나 전과가 없는 경우

준비서류

보통 처음에 관광비자로 갈 경우는 항공권을 예약할 때 무료로 발급 받을 수 있다. 하지만 비자연장을 할 경우는 비자 신청서, 비자 연장 신청비 A$240, 여권, 현금 또는 은행 잔고증명서(1개월 A$1,000 보증)를 들고 이민성에 가서 인터뷰를 봐야 된다. 이 경우 공부를 하겠다는 식의 말을 할 경우는 색안경을 끼는 경우가 많으니 관광비자의 취지에 맞게 인터뷰를 해야 된다.

※ 3개월 단위로 최고 9개월까지 연장할 수 있지만 은행잔고 증명서 제출 시 돈의 출처에 대해 까다로운 심사를 하는 등 연장이 어려워지고 있다.

학생비자

6개월 정도 학업을 목적으로 호주 내 학교를 등록한 학생들이 신청하는 비자

준비서류

온라인 신청시 : 여권, 학교입학허가서, 호주학생비자 건강보험(OSHC) 가입 증서, 비자신청비 $535

진행절차

호주학교 등록 → 학비납부 입학허가서(eCoE) 발행 → 호주학생건강보험가입(OSHC) → 호주학생비자 온라인 신청(www. immi.gov.au) → 헬스폼 출력 → 지정병원 신체검사 → 비자 진행 조회 → 승인 → 출국

호주에서 비자 연장이나 전환이 안 되는 경우

- 관광 비자에서 워킹 홀리데이 비자를 신청하는 경우
- 워킹 홀리데이 비자의 연장(단 3개월 호주 정부에서 인정한 1차 산업에 종사했을 경우 비자를 연장할 수 있는 자격이 부여됨)
- 학생 비자에서 워킹 홀리데이 비자를 신청하는 경우

호주가기 전 영어공부, 이렇게 하자!

워킹 홀리데이를 결정하고 호주를 떠나기까지 약 2~3개월 정도의 시간이 소요된다. 기간 동안 무엇을 해야 할까? 호주 워킹 홀리데이를 갔다 온 사람들은 입을 모아 영어공부를 하라고 말한다. 하지만 그 당시 주변 사람들과 당분간 만나지 못한다는 아쉬움 때문에 술자리를 자주 갖는다. 아마 이 글을 보고 있는 여러분도 비슷한 입장이 아닐까? 만약 그 때로 돌아가면 나는 영어일기를 쓰는 습관을 들일 것이며, 영어교재의 바이블이라는 GRAMMAR IN USE를 최소한 기본 정도는 정복을 하고갈 것이다.제발 기초적인 영어공부는 하고 워킹 홀리데이를 떠나자!

GRAMMAR IN USE

호주학교 교재로 쓰이고 있는 영어교재의 바이블 같은 책으로 레벨테스트 문제의 예제를 대부분 이 책에서 인용한다. 주의할 점은 호주는 영국판으로 공부를 해야 되며, 한글로 번역된 교재보다 영어로만 쓰인 책이 공부하기 쉽다. 책은 초급Essential Grammar in use, 중급English grammar in use, 고급 advanced grammar in use으로 나누어져 있다. 초급자는 Essential Grammar in use를 정복해야 되며, 영어수준이 어느 정도 되는 사람은, English grammar in use를 정복하는 것이 좋다.

미국 드라마 정복하기

프리즌 브레이크, 로스트, CSI 등의 미국 드라마를 보면서 실생활에서 나오는 영어를 익혀 두는 것이 좋다. 이 때 중요한 것은 더빙이 아닌 원어로 직접 들어야 하며, 영어 자막을 함께 보는 것은 Reading과 함께 listening 향상에 큰 도움이 된다.

회화학원 및 외국인 친구사귀기 모임

가기 전에 '외국인 울렁증'을 없애야 된다. 따라서 외국인과 대할 수 있는 영어회화 학원과, 외국인들과의 교류를 통하여 친구를 사귈 수 있는 모임에 가는 것이 좋다. 필자가 다닌 클럽으로 외국인들과 같이 문화교류를 통해서 외국인친구를 사귈 수 있는 IFS(국제사교클럽)가 있다.

영어일기 쓰기

하루를 정리하는 영어일기를 써 보자. 짧은 한 문장을 만들기 위해서 처음에는 한 시간을 투자하겠지만 그 다음에는 30분, 20분 점점 시간이 줄어들어 영어 정복의 기쁨을 느낄 수 있을 것이다.

호주 지폐 환전과 여행자 수표

호주 지폐의 특징

호주 지폐는 플라스틱으로 되어 있다. 따라서 물에 젖어도 상관이 없으며 손으로 비틀어서 찢으려 해도 잘 찢겨지지 않는다. 1994년부터 현재의 플라스틱 지폐가 보급되었는데 지폐 디자인이 아주 화려해 마치 장난감 돈처럼 느껴진다. 위조 지폐여부는 끝부분에 있는 투명한 곳이 있는지 확인하면 된다. 그런데 이 투명한 곳 안에는 엄청난 무늬가 숨겨져 있다. 몇 년 전 KBS 〈스펀지〉를 통해서 A$10 지폐에 무려 10페이지 분량의 시가 쓰여 있다고 나왔을 정도로 예술적 가치가 있다. 또한 지폐의 한 면은 여자. 다른 한 면은 남자로 만든 센스까지 있다.

환전하기

환전을 할 때 A$1,000불은 현금으로, 나머지 비용은 여행자 수표로 바꿔가도록 한다. 여행자 수표는 현찰보다 더 저렴하게 살 수 있고, 되팔 때도 더 비싸게 팔 수 있기 때문이다. 또 환전을 할 때는 주거래 은행을 가거나, 수속을 맡아 진행하는 유학원 혹은 여행사에 '환율 우대 쿠폰'을 이용해 환전을 하는 것이 좋다. 환율 우대 쿠폰은 환전 서비스 수수료를 싸게 할 수 있는 쿠폰인데 각 은행마다 발행하며 가끔 여행사에서 발행하기도 한다.

여행자 수표는 현금분실·도난 등의 위험을 피하기 위하여 은행 자기앞수표 형식(정액권)으로 발행판매하는 것으로 전 세계 은행은 물론이고, 호텔, 백화점, 음식점, 상점, 환전상 등에서 현금과 같이 사용할 수 있다. 특히 분실하거나 도난당한 경우 소정의 요건만 갖추면 간편하게 현지에서 즉시 환급받을 수 있어 안전하다.

여행자 수표 사용방법

수표에 양쪽 모두 서명하였거나, 서명하지 않은 상태로 분실 또는 도난당한 경우에는 환급을 받을 수 없다.

- 서명은 양쪽 모두에 미리 해놓으면 안 된다.
- 처음 발급받으면 오른쪽 위의 '서명'란에만 서명 해놓는다.
- 왼쪽 아래의 서명란은 사용할 때 수취인 앞에서 서명을 하면 된다.
- 서명은 반드시 동일해야 된다.

여행자 수표의 장점

- 구입 즉시 오른쪽 위에 서명을 해두면 분실을 하더라도 돌려받을 수 있다.
- 외화 현찰보다 저렴하게 구입할 수 있다.
- 여행 후 남은 금액을 되 팔 때도 비싸게 팔 수 있다.
- 현금과 동일하게 사용할 수 있을 뿐 아니라 다양한 용도에 따라 편리하게 선택할 수 있다.

여행자 수표의 단점

호주 면세점, 백화점 등 대형매장 이외에 현지의 상당수 소규모 업소들은 여행자 수표로 물품구매를 기피한다. 따라서 사용하기에 불편할 수 있다.

여행자 수표를 분실했을 때 대처법

- 신고는 본인이 한다.
- 부득이 대리인을 통하여 신고한 경우에도 가능한 빨리 본인이 다시 신고해야 한다.
- 정확한 분실 수표의 번호를 제시한다.

항공권 예약은 언제 해야 할까?

항공권은 워킹 홀리데이를 떠나는 달에 예약을 하지 말고 미리 예약을 해놓는 것이 좋다. 특히 예상 출국시기가 성수기(방학시즌)일 경우는 미리 예약하지 않을 경우 좌석을 구할수 없는 경우가 생기니 항공권은 미리 예약을 해놓자. 개인이 예약을 하는 경우 대부분 여러 가지 할인항공 사이트를 찾아볼 것이다. 하지만 싼 항공은 특약사항이 있으니 주의하자. 예를 들면 기상 악화로 항공기가 결항될 경우 환불을 안 해주는 경우. 리턴일변경이 안 된다는 등의 조약이 있을 수 있다. 그 조약을 다 확인해보고 싼 항공을 찾아 구매한다. 그것도 귀찮다고 생각하는 경우 대부분 호주전문유학원이나 호주전문여행사를 통해 예약하면 스페셜 요금을 적용받을 수 있으니 그 방법도 하나의 좋은 방법이다. 또한 스톱 오버(경유지에 며칠 머물면서 여행)할 수 있는 경유 항공권을 사는 것도 호주만이 아닌 다른 나라를 여행할 수 있는 기회를 얻을 수 있으니 하는 것이 좋다. 스톱오버는 호주 직항이 아니라 중간에 다른 나라를 경유하여 며칠 묵는 것을 말하는데 항공사에 따라 호텔을 무료로 제공하거나 시내관광 서비스를 저렴한 가격으로 제공할 때도 있다.

항공권 구입 체크 포인트 7

항공권 가격이 지역마다 또는 출국 시간마다 다르기 때문에 많이 헷갈려 한다. 돈이 많다면 적당한 곳 대충 알아보고 발권하면 되지만 실상은 그러지 못하는 것이 현실이다. 다음은 항공권을 예약할 때 알아야 할 점들을 정리했다. 꼼꼼히 읽어본 후 저렴하고 안전한 항공권을 예약하자.

❶ 1년 왕복 오픈 항공권인지 확인한다

가끔 '59만 원 특가! 69만 원 특가!' 이런 항공권들이 보일 것이다. 이 경우 항공권의 유효기간을 반드시 확인해야 한다. 이런 저가 항공권은 1개월 또는 3개월 오픈 항공권인데 이 기간 내에 무조건 한국으로 돌아와야 하기 때문이다. 특가에는 그만한 이유가 있는 법이니 1년 왕복 오픈 항공권인지 반드시 확인을 하고 예약하자.

❷ 어느 나라를 경유하는지, 몇 시간을 경유하는지 확인한다

대한항공이나 아시아나 등 직항이 편하긴 하지만 다른 항공사에 비해 상대적으로 가격이 비싸다. 그래서 대부분 경유 비행기를 이용한다. 하지만 너무 긴 경유 시간 때문에 힘들 수 있기 때문에 어느 나라에서 몇 시간을 체류해야 하는지 반드시 확인하자.

313

❸ 항공권 가격에 TAX(세금)가 포함된 것인지 확인한다

가끔 여행사에서 제시한 항공권 가격만 보고 정말 싸다고 생각하는 사람이 있다. 하지만 TAX가 빠진 금액일 경우가 있다. 제시한 항공권 가격을 살펴볼 때는 TAX가 포함된 가격인지 포함되지 않은 가격인지 반드시 체크하자.

❹ 취소 수수료가 있는지 확인한다

보통 발권 이후에 항공권을 취소할 때에는 수수료가 붙는다. 만약을 대비해서 취소 수수료가 얼마나 되는지 반드시 확인하자.

❺ 비자를 승인받기 전에는 되도록 발권을 하지 않는다

워킹 홀리데이 비자는 빠르면 2주, 길면 한 달 정도가 소요된다. 하지만 문제가 생길 경우 상당한 시간이 소요되기도 한다. 따라서 무작정 항공권부터 발권해놓으면 나중에 곤란해질 경우가 있다. 되도록 비자 승인 전에 항공권 발권은 자제하자.

※ 절대로 비자 승인이 나지 않은 상태에서 발권을 하지말자. 만약 승인이 나지 않은 상태에서 발권을 하고 호주로 입국할 경우 워킹 홀리데이 비자는 취소되고 관광 비자로 바뀌게 된다.

❻ 귀국 일정 변경 시 수수료를 확인한다

귀국 날짜나 입국 공항 등을 변경할 때 항공사마다 수수료가 다르다. 항공권을 예약할 때에는 반드시 일정 변경에 따른 수수료를 확인하자.

❼ 워킹 홀리데이 일정이 1년 이상이 될 경우, 편도 항공권을 구입한다

이제 워킹 홀리데이 비자로 2년의 체류가 가능해졌다. 본인의 일정이 1년 이상이 될 수 있으면 항공권을 편도로 구입해야 한다. 왕복 항공권을 구입할 경우, 돌아오는 티켓을 사용하지 않으면 절대 환불받을 수 없고 기간 연장도 불가능하다.

할인카드 과연 꼭 필요한 걸까?
나에게 맞는 카드를 찾아라!

워킹 홀리데이를 떠나는 워홀러들의 고민 중 하나가 자신에게 맞는 할인카드를 신청하는 것이다. 나 또한 호주에 가서 어떻게든 쓰일 것이라 생각해서 모든 할인 카드를 다 구입했지만 현지에서 거의 사용하지 못했다. 자신이 꼭 필요한 카드를 선택하는 것이 좋다. 적은 돈이지만 아끼는 것이 워킹 홀리데이 성공의 열쇠기 때문이다.

VIP Backpacker 카드

VIP카드는 호주, 뉴질랜드를 여행자들이 많이 묵는 백팩커(여행자숙소)의 숙박 할인 카드다. 지역투어나 레포츠 등도 할인 예약할 수 있다. 백팩커 책자를 통해서 숙박할인 및 레포츠 할인받을 수 있는 곳을 알 수 있으며 유학원이나 여행사에서 22,000원 정도에 판매한다.

하지만 여러 지역을 옮겨 다닐 경우가 아니라면 굳이 구입할 필요가 없다. 숙소에 하루 묵는 데 A$1가 할인되기 때문에 약 한 달 정도 묵을 사람이 아니라면 별로 쓸모없는 카드다.

국제학생증(ISIC)

국제학생증은 해외를 여행하는 학생들에게 필요한 '세계 공통 학생신분증'이다. 인터넷 사이트(www.isic.co.kr)에서 카드를 신청할 수 있으며 오프라인 발급처도 안내되어 있다. 발급 비용은 14,000원이며 재학증명서,

315

신분증, 여권사진 1장이 필요하다.

그러나 많은 할인 혜택이 있다고 광고하고 있지만 실제로 국제학생증은 거의 사용하지 않는다. 국제학생증으로 할인이 되는 버스는 시티 내 버스가 아닌 그레이하운드 버스같이 시티와 시티를 이동하는 버스에만 할인이 된다. 만약 시드니와 브리즈번을 이동할 때 국제학생증으로 그레이하운드 버스를 타고 이동한다면 약 12시간 이상 가야 되는 곤욕을 치르게 된다. 효용성에서 많이 떨어지기 때문에 그런 곤욕을 감수하고 버스여행을 하는 사람에게만 권한다.

국제 자동차 면허증

"호주가서 운전하지 않을 건데. 뭐하려 국제 운전면허증을 가지고 가?"

한국에서 운전을 하지 않는 대부분의 학생들이 갖는 생각이다. 하지만 국제 자동차 면허증은 여권 다음으로 중요한 신분증으로 쓰일 수 있다. 더군다나 호주에서는 땅이 워낙 넓기 때문에 자동차 면허증은 거의 필수다. 운전 실력이 없다고 하더라도 반드시 자동차 면허증을 발급받기를 권한다. 장농면허라도 간단한 도로주행 연습을 해보는 것이 좋을 것이다.

국제 자동차 면허증을 신청하기 위해서는 자동차 면허증, 여권, 여권사진 1매, 7,000원을 들고 면허시험장으로 가면 20분이면 발급받을 수 있다.

준비물

자동차 면허증, 여권, 여권용 사진 1매, 수수료(7,000원)

신청 방법

가까운 면허시험장으로 간다 → 국제면허 신청서 작성 후 영수필증(7,000원 짜리)을 붙인다 → 국제 업무 접수창구에 서류를 제출한다.

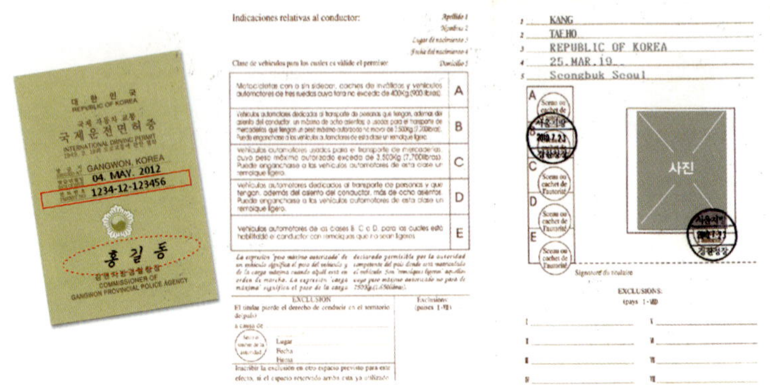

짐 꾸리기 체크리스트

호주에 가서 생활하다보면 짐에서 빠진 것도 있고 불필요하게 가져오게 되는 것도 있다. 호주도 사람 사는 곳이니 혹시 빠트리고 안 가져간 것이 있으면 현지에서 직접 살 수 있고, 한국에서 소포로도 받을 수 있으니 짐을 꾸릴 때 너무 스트레스 받지 않는 것이 좋다.

- **여권 :** 여권뿐만 아니라 비상시를 대비하여 여권 번호 등은 따로 적어두며 복사본을 준비해야 한다.

- **항공권 :** 출국과 귀국날짜, 비행기 편명, 유효기간 등을 확인한다. E–티켓은 그냥 출력만 하면 된다.

- **학교 서류 :** 입학 허가서, 홈스테이 디테일 (입국 시 호주체류지에 홈스테이주소 적어야함)

- **국제 학생증 :** 반드시 필요한 것은 아니지만 장거리버스여행을 많이 할 경우 만드는 것이 좋다.

- **사진 :** 학생증 및 기타 필요한 경우를 대비하여 여권용 사진 4~6장 정도를 준비하면 좋다.

- **국제 면허증 :** 꼭 현지에서 운전을 하지 않더라도 여권 다음으로 높은 우선순위를 가지고 있는 신분증이기 때문에 꼭 발급받자. 현지에서 운전을 한다면 당연히 발급 받아야 한다. 장기체류자인 경우 현지에서 면허를 발급 받아야 하지만 초기에는 국제운전면허증으로 운전을 할 수 있으므로 편리하다.

- **여행자 수표 및 현금 :** 출국당일 공항에서 환전하지 말고 미리 시중 은행을 통해 여행자 수표와 현금을 환전하자. 현금은 초기에 사용할 정도의 금액을 준비하면 되며, A$1,000 정도만 환전하여 현금으로 지급해야 하는 숙소비와 초기생활비를 제외한 나머지 금액을 모두 여행자 수표로 환전하는 것이 좋다. 참고로 수표를 구입할 때 함께 받는 영수증을 꼭 챙겨놓자. 수표 일련번호가 있어 여행자 수표를 분실했을 때 도움이 된다.

- **신용카드 :** 반드시 필요하지는 않지만 비상시에 사용하기 위해 하나 정도는 구비하는 것이 좋다. 비자 카드Visa Card, 마스터

● 호주, 이것만은 알고 가자

카드Master Card 등 해외에서 사용가능한 본인 명의나 가족 명의 카드를 준비하자.

■ **전자사전 :** 가볍고 휴대가 가능한 것으로 준비하며, 한영·영영·영한이 모두 가능한 것으로 준비하자. 공부를 심도 있게 하려면 전자사전과 더불어 책으로 영영사전도 준비하면 좋다.

■ **책 :** 간단하고 편하게 볼 수 있는 책 몇 권 정도 준비하자. 회화·단어·문법책 한권 정도 준비하면 좋다. 문법책은 Gramma in use를 추천한다.

■ **카메라 :** 호주의 아름다운 대자연과 전경들을 눈으로만 감상하고 끝내기엔 많이 아쉬울 것이다. 디지털 카메라를 사용할 경우에는 USB메모리 카드를 함께 준비하는 것이 좋으며, 필름 카메라를 사용할 경우 필름은 한국에서 구매하는 것이 훨씬 저렴하다.

■ **의류 :** 영하로 떨어지는 날씨가 아니므로 오리털 파카는 필요 없다. 대신 일교차가 심하므로 겹쳐서 입는 옷이나 후드 티셔츠를 준비하는 것이 좋다. 체류할 기간 동안 현지 날씨를 미리 살펴보고 부피는 최대한 줄여서 준비하자. 만약 옷이 부족하면 현지에서 구입할 수도 있다. 속옷이나 양말은 충분히 준비해가는 것이 좋으며 일명 때타월로 불리는 이태리타월도 가져가면 좋다. 정장이 특별히 필요할 일은 없다. 다만 격식을 차린 파티에 초대되는 경우 입을 수 있는 세미 정장을 준비하면 좋다. 참고로 호주에서 수영복은 필수다. 여자는 원피스 수영복을 입은 사람이 거의 없으니 비키니 수영복을, 남자는 사각 수영복을 가지고 가면 된다.

■ **신발 :** 호주에서는 쪼리나 슬리퍼 등 샌들 형식의 신발을 많이 신는다. 이외에 편한 운동화 한 켤레 정도 있으면 좋으며, 구두는 거의 필요 없다. 단, 흙이 묻은 신발은 가져갈 수 없기 때문에 신던 신발이라면 깨끗하게 빨아서 챙겨야 한다.

■ **가방 :** 기내용, 수화물용 가방 그리고 현지에서 메고 다닐 수 있는 작은 가방을 따로 준비하는 것이 좋다. 참고로 기내용 가방은 가로, 세로, 높이의 합이 115㎝가 넘지 않아야 한다.

■ **모자/선글라스 :** 호주는 햇살이 뜨거우므로 모자 하나 정도는 준비를 해 가면 도움이 된다. 선글라스도 필수 아이템이다. 가능하면 짙은 선글라스로 준비하자.

■ **비상약 :** 소화제·지사제·연고·두통약·

감기약 등 기본 상비약과 개인에 따라 복용하는 약만 어느 정도 준비하고, 그 밖의 약들은 현지에서 구매하는 것이 좋다. 특히 물파스는 많이 가지고 가자.

- **손톱깎이/반짇고리 :** 생활에 꼭 필요한 것이니 소형 휴대품으로 가져가도록 하자. 손톱깎이는 기내 반입 금지 물품이므로 수화물 가방에 넣어야 한다.

- **세면용품 :** 현지에서 구매가 가능하기 때문에 초기에 사용할 분량만을 준비하고, 너무 큰 것은 가져가지 않는 것이 좋다. 샴푸, 린스, 바디샴푸 등은 샘플로 여러 개 준비하면 편리하다.

- **문구류 :** 호주는 문구류 가격이 비싸다. 작은 노트와 필기도구 등을 적당히 가져가자.

- **화장품 :** 현지에서 구매가 가능하기 때문에 초기에 사용할 분량만 준비하자. 현지에서도 대형마트나 백화점에서 저렴하게 구매 가능하다. 피부가 예민하다면 화장품을 챙겨가는 것도 좋다. 호주는 햇살이 뜨거우므로 자외선차단크림은 필수다.

- **여성용품 :** 초기에 사용할 분량만 준비하자. 현지 대형 슈퍼마켓을 이용할 경우 쉽게 원하는 상품을 구매할 수 있다. 단, 우리나라보다 질이 떨어진다.

- **우산 :** 우산은 가볍고 작은 3단 우산으로 준비하자.

- **MP3 플레이어/건전지 :** 음악을 듣거나 영어 강의를 들을 때 사용하기 좋다. 충전기와 함께 가져가자. 호주는 건전지가 비싸기 때문에 필요한 경우 한국에서 준비하는 것이 좋다. 단, 건전지는 수화물 가방에 넣어야 한다.

- **여행 가이드북 :** 여행 계획이 있다면 얇고 자세한 여행책자를 챙기는 것이 좋다.

- **선물 :** 부피가 작고 인상에 남을만하고, 한국 전통 이미지를 간직한 선물을 준비하면 좋다.

- **안경/콘택트렌즈 :** 호주는 안경다리가 부러지면 새로 사는 것과 비슷할 정도로 수리비가 비싸며 새것의 가격도 비싸다. 여유분까지 준비하자.

- **음식물 :** 가능하면 음식물은 가져가지 않는 것이 좋다. 음식물은 반드시 완전 밀봉 포장된 제품만 가능하다. 고추장·된장·김·라면 등은 현지에서도 구입할 수 있다.

• 호주, 이것만은 알고 가자

호주의 숙박시설을 알아보자

■ **홈스테이** : 일반 가정에서 숙식을 제공하는 일종의 하숙 개념이다. 대개 아침식사는 본인이 직접 냉장고에서 꺼내먹으며, 시리얼과 우유, 토스트가 일반적이다. 점심은 대부분 도시락으로 해결하는데 본인이 직접 샌드위치를 싸가지고 가야 하지만 홈스테이 가정에 따라 직접 도시락을 싸주는 곳도 있다. 저녁 식사는 홈스테이 가족들이 모두 모여 직접 요리를 하며 함께 식사를 한다. 홈스테이는 대부분 시티에서 멀리 떨어져 있는 경우가 많아서 교통비가 많이 드는 편이다.

■ **백팩/유스호스텔** : 숙소를 정하지 않고 호주에 도착했을 경우나 여행을 다닐 경우 가장 많이 가게 되는 숙소 형태다. 백팩이나 유스호스텔은 싱글, 2인실, 4인실, 6인실, 8인실 등 종류에 따라 가격차이가 나지만 비싼 편은 아니다. 일반적으로 4인~6인실은 A$22~25 정도, 싱글은 A$50~60 정도다. 방을 같이 쓰고 샤워시설이나 화장실, 부엌 등은 공동으로 사용하며, 여러 나라에서 온 사람들과 친구가 될 수 있어 다양한 정보도 많이 얻을 수 있다.

■ **셰어** : 셰어는 자취와 비슷한 개념이다. 본인의 재정에 따라 1인실이나 2인 1실을 사용하는데, 둘이 한 방을 쓴다고 해서 비용 부담이 반으로 줄어드는 것은 아니다. 셰어는 일반적으로 가스와 전기세 등 기타 비용이 모두 포함되어 있다. 셰어의 경우 2주에 해당하는 금액을 본드비(보증금)로 내야 한다. 본드비는 혹시라도 셰어를 하면서 살림살이를 파손했을 경우 변상해줘야 하는 용도의 돈이다.

■ **렌트** : 렌트는 집 한 채를 통째로 빌려 집주인이 되는 것이다. 실제 집주인과 계약을 해서 주당 정해진 금액을 지불하고 집을 통째로 사용하는 방법인데 호주 사정에 밝고 오래 체류하는 사람이 이용하는 방법이다. 일단 집주인과 계약을 하면 그때부터 함께 살 셰어생 들을 구해야 한다. 렌트는 최소 계약기간이 6개월이며 계약 시에 4주치에 해당하는 금액을 보증금으로 지불한다. 가구나 카펫 등에 손상을 입혔을 시 본드비를 되돌려 받지 못하는 경우가 생길 수 있고, 청소비 명목으로 A$200 이상을 차감하는 경우도 있다. 브리즈번의 경우 시티의 아파트 렌트는 주당 A$480~580(2007년 기준) 정도며. 외곽 지역은 A$200~300정도로 저렴하다.

■ **기숙사** : 기숙사가 딸려있는 영어 학교는 그다지 많지 않다. 대개 1인실, 2인 1실 혹은 3인 1실로 운영되며 식사가 제공되는 경우도 있고 본인이 직접 해결해야하는 경우도 있다. 주당 가격은 A$120~200 정도다.

입국 신고서 작성 요령

호주 입국 신고서Incoming Passenger Card는 세관 신고서와 하나로 되어있으며 영문대문자로 표기하면 된다. 호주는 동·식물, 음식물 등 유입이 매우 까다롭기 때문에 신고서 작성에 주의해야 한다. 뒷면의 신고물품에 해당되는 품목이 하나라도 있으면 반드시 신고해야 하며, 만약 신고하지 않고 걸리면 물건을 압수당하고 무거운 벌금이 부과된다. 물건은 정확하게 기재하기 바란다.

호주 입국 신고서는 다음과 같이 작성한다.

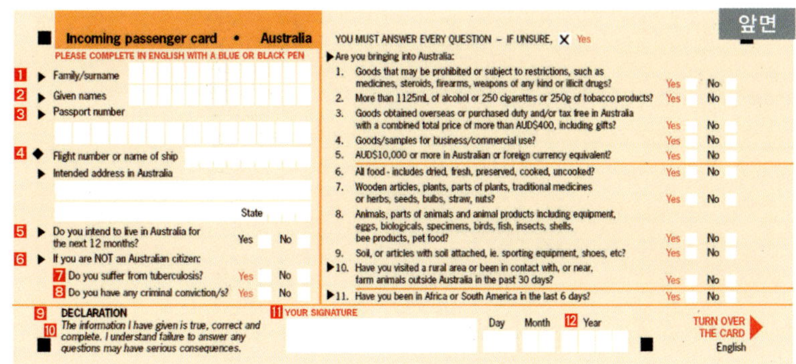

1 Family/surname : 성 (예. HONG)

2 Given names : 이름 (예. GIL DONG)

3 Passport number : 여권번호
   (예. YP0012345)

4 Flight number or name of ship : 항공편 이름 또는 여객선 이름(예. OZ 062)

5 Do you intend to live in Australia for the next 12 months? : 당신은 12개월 동안 호주에서 머무를 예정인가?

6 If you are NOT an Australian citizen : 호주 사람이 아니라면

7 Do you suffer from tuberculosis? : 결핵을 앓고 있는가?

8 Do you have any criminal convictions? : 당신은 전과가 있는가?

9 DECLARATION : 선언

10 The information I have given is true, correct and complete. I understand

failure to answer any questions
may gave serious consequences. :
내가 제공한 정보는 사실이고, 정확하며,
안전한 것이다. 나는 모든 질문에 답하지
않음으로써 심각한 결과를 초래할 수 있

다는 것을 이해하고 있다.

11 YOUR SIGNATURE : 사인

12 Day, Month, Year : 날짜

13 모든 질문에 대답해야 한다. 확실치 않으
면 Yes에 ×표시를 하라.

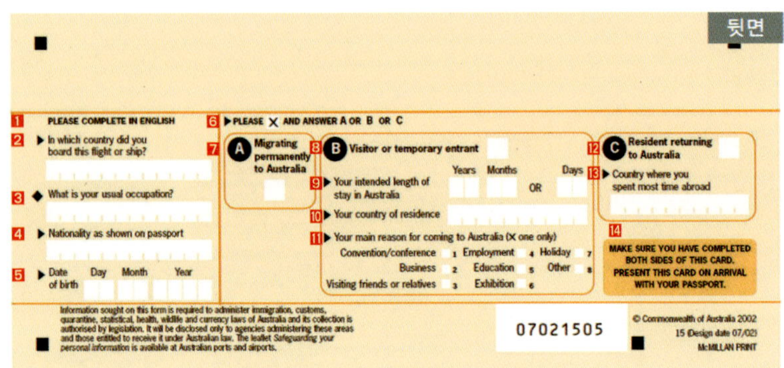

1 영어로 작성하라.

2 어느 나라에서 이 비행편 혹은 선박에
탑승하였는가?

3 당신의 직업은 무엇인가?

4 여권에 기재된 국적

5 생년월일

6 A 또는 B 또는 C에 ×표시를 하고 답을
하시오.

7 호주로의 영구 이민

8 방문 혹은 임시 거주자

9 호주에서의 예상 체류 기간

10 영구거주 국가명

11 호주를 방문하는 주요 이유
(한 항목에만 ×표시)
1 대회/회의   4 고용   7 휴가
2 사업   5 교육   8 기타
3 친구 친척 방문 6 전람회

12 호주로 귀국하는 영주자

13 해외에서 주로 체류한 국가

14 이 카드의 양면 모두 기재하였는지 확인
하라. 이 카드를 세관 검사대에 여권과
함께 제시하라.

다음과 같은 물건을 호주에 갖고 들어오고 있는가?

- 의약품, 스테로이드, 총포류 혹은 그 밖의 무기나 불법약품 등 금지되거나 제한된 물건
- 2,250㎖ 이상의 술 또는 50 개비 이상의 담배 또는 250g 이상의 담배 제품
- 선물을 포함하여, 합계금액이 호주 달러 A$900 이상 되는 물건으로, 해외에서 샀거나 호주 내에서 면세로 구매한 물건
- 사업용/통상 용도의 상품/견본
- 호주 달러 A$10,000 이상의 호주 화폐 또는 외국화폐
- 모든 형태의 음식류–말린 음식, 생 음식, 절인 음식, 익혔거나 또는 익히지 않은 음식 포함–먹을 수 있거나 요리할 수 있는 것
- 목각 제품, 식물의 일부, 전통 의약품 혹은 약초, 씨앗, 뿌리, 짚, 혹은 견과류
- 동물, 동물의 일부분, 동물과 관련된 장비, 알, 생물 표본, 개, 고기, 곤충, 산호, 조개 껍데기, 꿀벌, 양봉 제품, 애완동물용 식품을 포함한 동물과 접촉된 각종 제품
- 흙 또는 흙이 묻어있는 물건들, 즉 운동 기구, 신발 등
- 지난 30일 동안 호주 밖의 다른 나라의 농장을 방문한 적이 있는가?
- 지난 6일 동안 아프리카나 남아메리카를 방문한 적이 있는가?

● 호주, 이것만은 알고 가자

입국 수속은 어떻게 할까?

호주를 가게 되면 한국어가 아닌 영어로 중얼거리는 소리에 마음이 급해져 본의 아니게 실수를 하는 경우가 많다. 하지만 호주 역시 사람이 사는 곳이니 긴장하지 말자. 신고할 물품과 절차를 한번 상기하면서 입국심사를 받도록 하자.

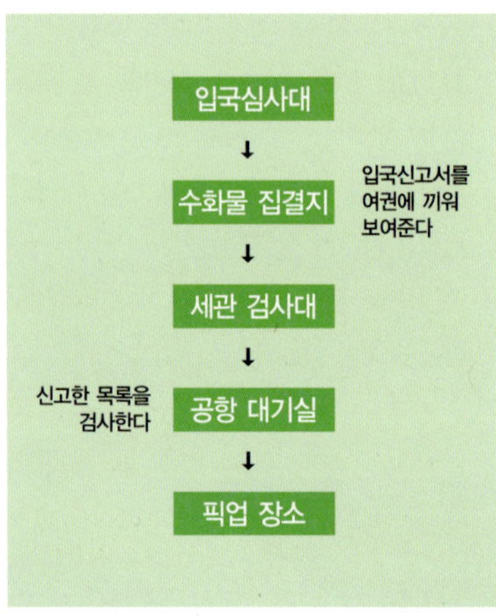

통역관리 검역

호주에 도착했을 때 신고를 해야 하는 품목들이 있다. 신고할 품목을 가지고 있지 않는 경우는 녹색채널을 따라가며, 신고할 내용이 있으면 적색채널을 따라가면 된다.

세관에 신고해야 하는 물품들

- 식물류(페인트를 바르거나 옻을 입힌 목각이나 가공하지 않은 목각, 초목으로 만든 수공품과 기념품, 밀짚 상품, 대나무, 등나무 지팡이나 등나무 바구니 제품, 포푸리, 생화 등)
- 동물류(깃털, 뼈, 뿔, 양모, 털, 모피, 조가비, 산호, 꿀벌제품, 살아있는 생물, 새의 알)
- 모든 동물/보호야생동물
- 의약재
- 식품(조리식품과 미 가공 제품, 식품재료, 말린 과일과 채소, 통조림 육류 제품, 유제품, 생선 및 기타 해산물 제품, 인스턴트 면과 쌀, 향신료와 양념, 비스킷 케이크, 사탕과자, 차, 커피, 기타 음료, 씨앗과 견과류 등)
- 화기, 무기, 탄약
- A$10,000 이상 또는 동등한 가치를 지니는 외국화폐(합법적으로 유통되는 지폐와 동전)를 소지한 경우 도착 또는 출발 시에 신고를 해야 한다.

가끔 호주 공항에 도착하면 수화물이 없어져서 당황하는 경우가 생긴다. 이럴 때 당황하지 말고 차분히 분실 신고를 해야 한다. 다음과 같은 방법으로 분실 신고를 할 수 있으니 잘 살펴보자.

- 공항에서 'BAGGAGE CLAIM'이라고 쓰인 수하물 분실 신고소에서 신고한다. 이때 짐표(Baggage Claim Tag, 화물보관증서)와 가방의 형태, 크기, 색상 등을 자세히 알려 주어야 한다.

- 수화물을 반환받을 곳의 연락처를 기재한다. 만약 다음 여정이 있는 경우에는 여행 일정을 알려주고 분실증명서를 받는다.

- 수화물을 찾지 못했을 경우 분실증명서를 가지고 보상청구를 할 수 있다(화물 운송협약에 의해 보상을 받을 수 있다).

325

영어이름 정하기

여자이름

이름	의미
Agatha	선량한
Agnes	정숙한
Aileen	빛, 기품 있는, 아름다운
Alice	기품 있는
Amy	사랑받는
Angela	천사와 같은
Beatrice	축복받은, 행복한
Catherine	청순한
Cordelia	바다의 보석
Dorothy	신이 보낸 선물
Edith	행복한, 유복한
Elizabeth	신에게 맹세하다, 신의 숭배자
Emery	순결한
Emma	유모, 사랑받는 자
Esther	별, 행운
Florence	꽃이 핀, 흰, 아름다운
Frances	자유스런
Helen	빛, 등불
Irene	평화의 여신
Isabel	정숙
Judith	찬미하다
Lucy	빛
Margaret	진주
Martha	귀부인
Matilda	기품 있는 처녀
Naomi	나의 기쁨
Phyllis	잎이 무성한 가지
Rebecca	남을 농락하는 여자
Rosemary	바다의 이슬, 추억
Sabina	덕이 있는 여성
Sylvester	산림속의
Sophia	영특한 지혜
Winifred	평화를 쟁취하다

> **[TIP] 여자라면 이런 이름은 피하라**
> 다음과 같은 이름은 영희, 숙자처럼 극히 촌스러운 이름이다. Jean, Lisa, Mary, Karen, Susan, Patricia, Linda, Donna, Betty, Barbara, Margaret, Nancy, Helen

남자이름

이름	의미
Abraham	군중의 아버지
Alfred	평화 그 자체, 강자, 조언자
Alexander	조력자
Andrew	남자다운, 용감한
Antony	잴 수 없을 만큼 큰
Benedict	축복받은
Benjamin	행운아
Charles	남자다운
Claude	뛰어난
Conrad	적절한 조언자
Daniel	신을 대신하는 재판관
David	사랑받는
Donald	용감한 자
Duncan	족장
Edmund	행복을 지키는 자
Edward	행복의 옹호자
Frederick	힘센 옹호자
Gabriel	신의 힘
Gilbert	금처럼 빛나는
Gregory	신념이 굳은
Harold	용감한 자, 승리자
Henry	가장
Jerome	성스러운 법, 성스러운 이름
Kenneth	온화한 사람
Lawrence	월계관을 쓴
Leonard	사자처럼 힘센 남자
Lewis, Louis	뛰어난 전사, 위의 로렌스의 애칭으로도 쓰임.
Martin	호전적인, 중세 기사의 수호성인.
Michael	신과 닮은, 대천사 미카엘을 칭함.
Nicholas	정복자
Owen	젊은이
Patrick	기품 있는
Peter	바위
Philip	말을 좋아하는
Richard	대단히 강한
Robert	붉은 수염
Roland	시골 신사
Samuel	신의 말을 알아듣는
Thomas	쌍둥이
Vincent	정복하다
William	평화의 옹호자

홈스테이 에티켓 십계명

홈스테이는 잠시 머무는 호텔의 개념이 아니라 또 다른 가족을 만나는 것이다. 우리나라에도 가정마다 지켜야 할 예절이 있듯이 홈스테이도 가족의 일원으로서 어느 정도 지켜야 될 에티켓이 있다. 자 그러면 홈스테이에서 기본적으로 지켜야 하는 에티켓에 대해 알아보자.

❶ 세면도구는 자신의 것을 사용하라!

비누, 샴푸, 린스, 면도기 등 자잘한 세면도구는 반드시 자신의 것을 준비한다. 홈스테이 특성상 여러 명의 인원이 하나의 욕실을 사용하게 되므로 자신의 물품들은 한 곳에 가지런히 정리를 해두고 남의 물품을 함부로 쓰는 일이 없도록 해야 한다.

❷ 침실은 늘 깨끗하게 정리하고 다녀라!

혼자 쓰는 방이라 할지라도 침실은 늘 깨끗한 상태를 유지해야 한다. 침대와 책상도 깔끔하게 정리해 두어라. 방 정리는 어디까지나 자신의 몫이다.

❸ 아침식사는 직접 하라!

호주의 아침식사는 대부분 시리얼과 우유 정도다. 냉장고에서 간단히 꺼내 먹을 수 있는 메뉴이므로 본인이 직접 챙기면 된다. 홈스테이 주인이 챙겨준다면 금상첨화겠지만 자신이 스스로 차린다는 생각이 좋다.
또한, 점심 도시락도 스스로 챙기자. 도시락을 싸 주는 가정도 있지만 냉장고에 미리 준비된 재료로 스스로 싸도록 하라. 이때는 간단한 샌드위치를 만드는 것이 좋다. 특히 자신이 쓰고 난 주방은 꼭 치워 놓고 나가도록 하자.

❹ 간단한 설거지는 돌아가면서 맡아라!

우리나라처럼 반찬 그릇이 많다거나 하지 않으므로 호주 가정에서의 설거지는 그리 힘들지 않다. 그리고 호주 아이들은 설거지 정도는 일도 아니라고 생각한다. 그러므로 식사 끝난 후 훌쩍 방으로 들어가지 말고 가족의 일원이 되어서 설거지를 도우면서 이런저런 이야기를 나누는 것이 좋다.

❺ 침실에서 음식을 먹는 행위는 자제하라!

사실 호주 식단이 입맛에 그다지 맞지 않는다. 아침은 시리얼과 우유, 점심은 샌드위치, 저녁은 파스타가 기본이다. 그러다보니 밤이면 배가 많이 고플 것이다. 그렇다고 해서 침실에서 혼자 몰래 먹지는 말자. 매너 있는 행동이 아닐뿐더러 대부분 집을 목조로 만들어 벌레가 많기 때문이다.

❻ 저녁식사를 못 할 때는 반드시 미리 연락을 하라!

친구들과 약속이 있다거나 다른 문제로 일찍 들어가지 못할 때는 반드시 미리 홈스테이 가족들에게 연락을 하라. 호주에서는 음식을 인원수에 맞게 차리기 때문에 연락 없이 늦게 가는 행위는 예의에 어긋나는 행위다.

❼ 물을 아껴 써라!

샤워는 간단히 하라. 호주인들의 샤워는 길어야 5분을 넘지 않는다. 그들은 철저하게 물을 아껴 쓰므로 결코 우리들의 샤워방식을 이해하지 못한다. 물을 틀어놓고 양치질을 하거나 머리를 감는 것도 하지 말아야 할 행동이다.

❽ 친구들을 데려올 때는 미리 이야기를 해 두어라!

우리나라에서는 친구들을 데려와 자기 방에 쏙 들어가면 그만이다. 하지만 호주는 그렇지 않다. 친구를 초대할 때는 반드시 전날 미리 이야기를 해놓고 친구가 자고 가는 일은 없도록 하라.

❾ 홈스테이를 나갈 때는 적어도 2주 전에 통보하라!

홈스테이 날짜가 다 되었는데 나간다는 말을 안 하는 것은 상당히 매너 없는 행동이다. 홈스테이 가족들이 새로운 친구를 맞이할 수 있도록 반드시 2주 전에 통보해야 한다.

❿ 너무 늦게까지 텔레비전 앞에 있지 마라!

밤 9시가 넘으면 거실의 텔레비전을 켜지 못하게 하는 집도 있다. 호주인들은 비교적 빨리 잠자리에 들기 때문에 침실에 텔레비전이 따로 있지 않는 이상 거실에서 텔레비전을 늦게까지 켜 두는 것은 서로에게 방해가 된다.

호주 여행지

시드니

오페라 하우스Opera house

시드니를 안 갔다면 호주를 간 것이 아니고, 오페라 하우스를 가지 않았다면 시드니를 가지 않은 것이다. 그 정도로 호주를 대표하는 상징물이다. 말이 뭐가 필요할까? 일단 가보면 그 웅장함에 입이 쩍 벌어질 것이다.

하버 브리지Harbour bridge

시드니 오페라 하우스 옆에 있는 다리가 하버 브리지다. 아마 대부분 이 사진 하나 안 가지고 온 사람 없을 것이다. 그 정도로 아름다우며 그 크기에 일단 매료되고 그 웅장함에 경건한 마음이 든다. 시드니에 가면 꼭 사진을 찍고 올 곳이다.

브리즈번

퀸스 스트리트 몰Queen`s street mall

브리즈번 근처에 골드코스트, 선샤인 코스트 등의 세계적인 휴양지가 있지만 조용한 휴양지 퀸스트리트 몰도 가보자. 브리즈번에 가면 모든 사람들이 꼭 거치는 곳 중의 하나다.

카지노Casino

브리즈번에서 가장 아름다우며, 밤이 되면 모든 관광객들을 유혹하는 곳이다. 사진 배경으로만 찍고 게임은 절대로 해서는 안 되는 곳이다.

멜버른

루나 파크Runa park

미국에 디즈니랜드가 있다면 호주는 멜버른에 루나파크가 있다. 입장하는 곳에서부터 그 웅장함에 입이 다

• 호주, 이것만은 알고 가자

물어지지 않을 것이다. 멜버른에 가 있는 사람들은 주말에 루나파크를 감으로써 진정한 희열을 느낄 수 있다.

플린더스 스트리스 역Filnders St. station

멜버른 중심으로 가면 황금색 건물의 플린더스 스트리트 역이 눈길을 사로잡는다. 이 역은 호주에서 가장 오래된 역으로 드라마 〈미안하다 사랑한다〉에 나온 곳으로 유명하다. 멜버른 여행의 시작이라고 말할 정도로 유명한 곳이다.

킹스 캐니언Kings Canyon

미국의 그랜드 캐니언을 가보지는 않았지만 아마 그랜드 캐니언이 이런 모습을 띄지 않을까? 앨리스 스프링스에서 약 300Km 떨어진 워터 루커 국립공원에 위치해 있으며 호주의 그랜드 캐니언이라 부르는 곳이다.

그레이트 오션 로드Great ocean road

그레이트 오션 로드는 해변을 따라 길게 뻗어 있는 도로로 이 곳에는 오랜 세월 자연이 깎아 만든 유명한 12제자 바위가 있다. 그러나 현재 12개의 바위 중 3개는 무너지고 9개만 남아 있다.

사우스 퍼스South perth

사우스 퍼스는 퍼스에서 페리로 5분 거리에 있는 공원이다. 엽서에서나 볼 수 있는 도시의 아름다운 일출과 야경을 보고 싶다면 사우스 퍼스로 가자.

킹스 파크King`s park

퍼스에서 시티를 한눈에 내려다볼 수 있는 곳은 어디일까? 그곳은 바로 킹스 파크다. 시티 중심에서 도보로

25분 거리에 있으며 언덕을 약간 올라가면 퍼스의 중심부를 볼 수 있다. 퍼스를 가본다면 꼭 가봐야 될 명소 중의 명소다.

프리맨틀Fremantle

퍼스 아래에 있는 항구 도시로 트레인으로 약 25분 정도 걸린다. 이곳은 카푸치노 거리가 유명하며 프리맨틀 감옥도 유명하다. 호주의 역사를 알고 싶다면 이곳을 꼭 방문하자. 최근까지 감옥으로 쓰였지만 지금은 개방되어 퍼스를 방문하는 많은 관광객들의 필수 여행코스로 알려진 곳이다.

케언즈

주말시장

아름다운 해양 스포츠의 도시 케언즈. 그 곳은 젊음이 느껴질 정도로 항상 분주하다. 그리고 케언즈의 주말시장은 케언즈의 생동감을 느끼려면 꼭 거쳐야 되는 곳이다. 토요일과 일요일 라군Ragoon 주변에서 다양한 악세

사리 및 수공품을 팔고 있다. 가격도 저렴한 가격으로 살 수 있으니 쇼핑을 하는 것도 새로운 재미가 될 것이다.

라군Ragoon

라군은 시민 풀장에 가깝지만 각종 편의시설과 잔디가 바다 바로 옆에 인접하여 시민들과 관광객들에게 휴식처로 안성맞춤이다. 특히나 여름철에는 전 세계 관광객들이 몰려와서 장관을 이루게 된다.

퀸즐랜드

타운즈 빌Towns ville

타운즈 빌은 자그마한 마을 같지만 퀸즐랜드에서 둘째로 큰 도시에 속한다. 시티 자체는 굉장히 평화롭고 마치 천국이라면 이런 평화로움을 느끼지 않을까 하는 분위기가 느껴지는 도시다. 많은 사람들이 타운즈 빌을 모르지만 퀸즐랜드를 가는 사람이라면 꼭 한번은 둘러보고 오라고 할 수 있는 곳이다.

● 호주, 이것만은 알고 가자

영문 이력서 작성하기

정식 영문 이력서는 커버 레터Cover letter까지 모두 있어야 하지만 호주에서 할 수 있는 일이 고급 직종이 아니기 때문에 한 장짜리 이력서로 충분하다.

먼저 이름, 주소, 연락처 등 신상명세부터 작성해야 한다. 한국어 발음이 어렵기 때문에 영어 이름을 사용하는 것이 중요하다. 생년월일은 반대로 써야 하며, 합격여부를 받을 수 있는 연락처를 기재하는 것은 필수다. 가끔 불합격 여부를 전화나 우편으로 알려주기도 한다.

RESUME

Name(이름) :

Address(주소) :

D.O.B(생일) : 일/월/년

Mobile(전번호) :

E-mail(메일주소):

다음은 자신이 하려는 일을 요약한다. 현재 하려는 일을 능숙하게 할 수 있고, 영어도 어느 정도 유창하며, 팀의 일원으로서 자부심을 가질 수 있는 일자리 찾는다는 내용을 적으면 된다. 아래는 레스토랑 아르바이트를 구할 때의 이력이다.

CAREER OBJECTIVE

A seasoned, English-fluent, Korean native with proven skills in restaurant work is looking for a position which I take a pride in work as a excellent team member.

학력사항을 기재하는 란에는 우리나라 이력서와 다르게 순서를 반대로 작성해야 한다. 즉, 최근 학력부터 적어야 한다.

EDUCATIONAL QUALIFICATIONS
May 2008~Jun 2008 ○ ○ Institute of Technology
 General English Course
 ● Advanced Class Qualification
 ● Upper-Skill Class Qualification
Jan 2007~Feb 2007 ○ ○ English Center, Canada
 General English Course
Mar 2004~Jun 2006 ○ ○ University, Korea
 Mechanical Engineering Major

본인이 가지고 있는 기술을 적는다. 능력 및 성격을 요약하면 되는데 우리나라 이력서에서도 마찬가지지만 책임감, 성실성 등 좋은 단어를 많이 넣는 것이 좋다.

EMPLOYMENT SKILLS
Communication : Korean (Native) English (Advanced, TOEIC : ○ ○)
Professional Qualities : ● Flexible ● Responsible ● High motivation

마지막으로 경력사항을 작성한다. 어디에 이력서를 넣느냐에 따라 다르겠지만 약간의 과장도 때로는 필요하다. 경력사항 역시 가장 최근 경력부터 적어야 한다.

EMPLOYMENT HISTORY
Aug, 2002~Apr, 2003 Kitchen hand , Waiter & Assistant Manager
 Food Court, Lotte Department Store Co. Ltd. , Korea
Mar, 2000~Jun, 2000 Assistant Manager
 Customer Service, Lotte Department Store Co. Ltd. Korea
Jul, 1999~Dec, 1999 Kitchen hand & Waiter
 Beef BBQ, Korea

텍스파일 넘버(TFN) 신청하기

호주에서 합법적인 일을 하기 위해서는 개인 고유의 텍스파일 넘버(TFN:Tax File Number)가 필수적이다. 텍스파일을 신청하기 위해서는 가까운 텍스 오피스를 방문하거나 호주 세무서 사이트(http://ato.gov.au)에 접속해 인터넷으로 신청해도 된다. 텍스 오피스에서 직접 신청하든, 인터넷으로 신청하든 신청일로부터 28일 이내에 우편으로 텍스파일 넘버를 받을 수 있다.

인터넷으로 텍스파일 신청하기

① 인터넷 익스플로러 주소표시줄에 호주 세무서 주소(http://www.ato.gov.au)를 입력해 접속한 다음, 왼쪽의 'Get a tax file number or Update your details'와 'Migrant or visitor'를 차례로 클릭한다.

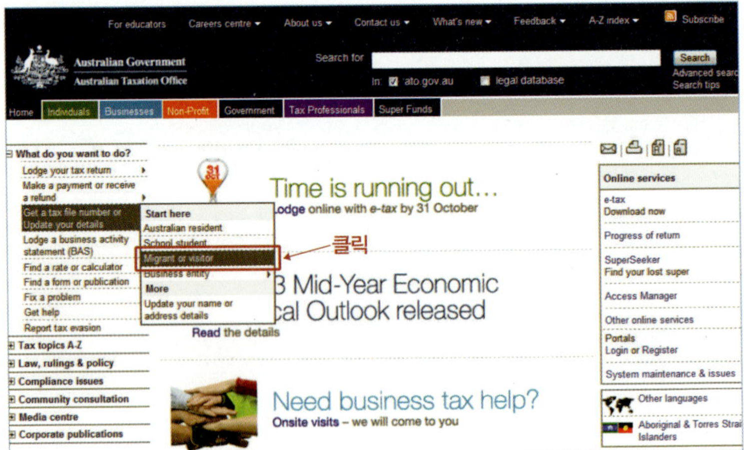

② 중간에 있는 'Permanant migrants or temporary visitors. Apply online'을 클릭해 다음 단계로 넘어간다.

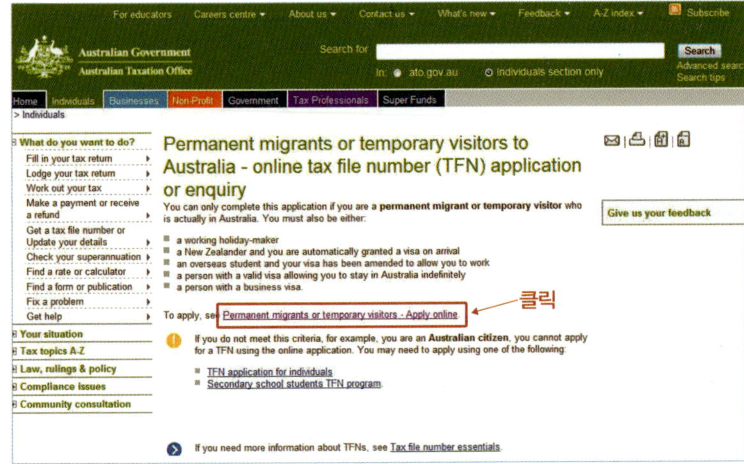

③ 제시하는 내용을 읽어본 후 'Next'를 클릭한다.

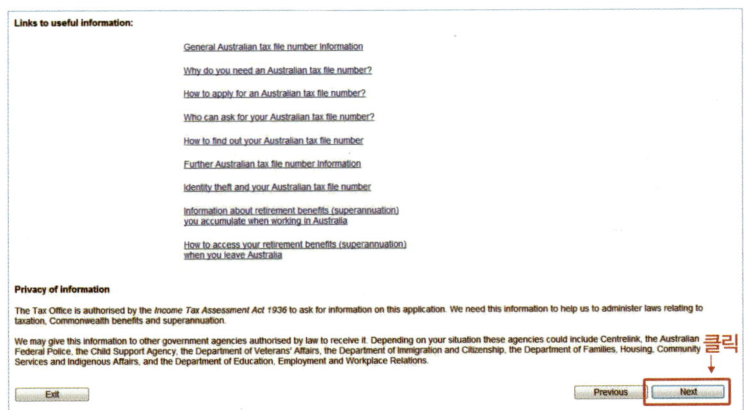

④ 제시하는 내용을 읽어본 후 'Next'를 클릭한다.

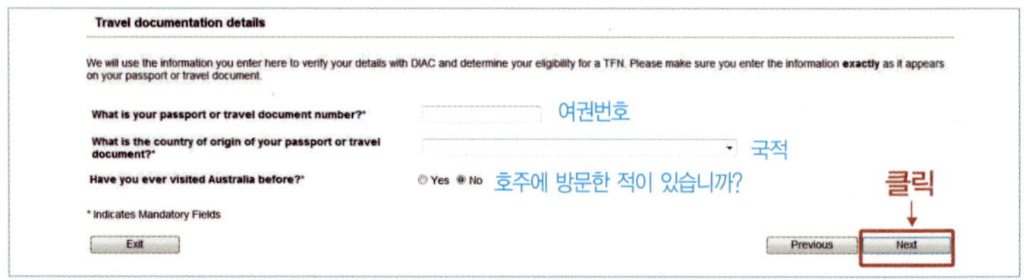

⑤ 여권 정보 입력 후 'Next'를 클릭한다.

⑥ 성과 이름, 생년월일 등을 입력한 후 'Next'를 클릭한다.

⑦ 이전 TFN, ABN 소유와 부동산 소유 여부에 대해 입력한 후 'Next'를 클릭한다.

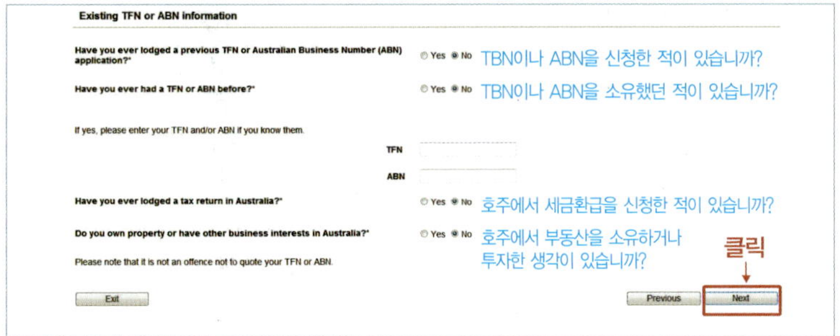

⑧ 앞서 입력한 개인 정보를 확인한 후 'Re-submit'을 클릭한다.

⑨ 텍스파일 넘버를 받을 수 있는 주소 입력 후 'Next'를 클릭한다.

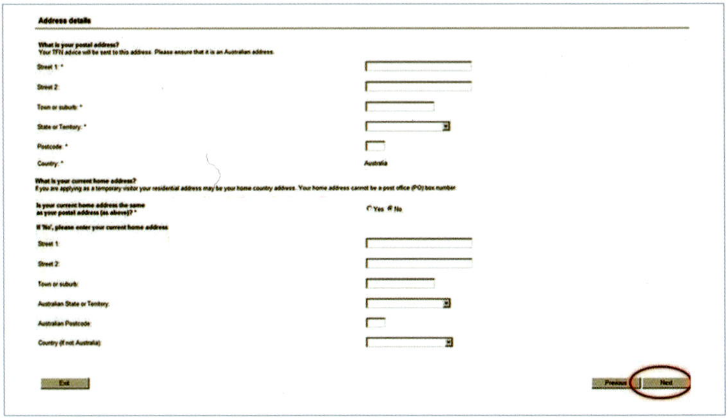

⑩ 대리인이 받는다면 Yes, 본인이 받는다면 No 입력 후 'Next'를 클릭한다. 마지막으로 ' Submit' 클릭하면, 완료 화면이 뜨고 임시 텍스파일 넘버가 발부된다.

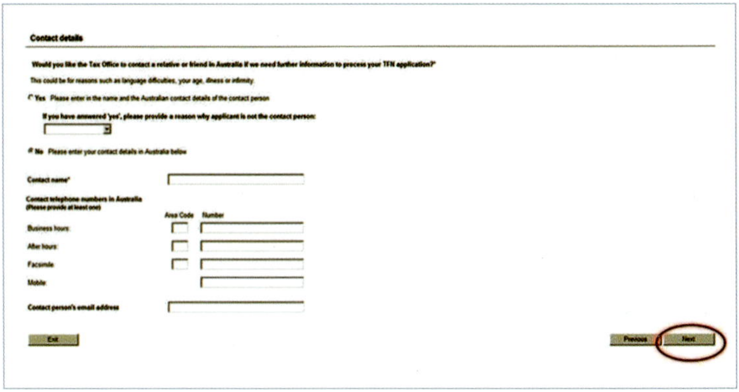

PO BOX 9990
Chermside QLD 4032

14,831
09

Australian Government
Australian Taxation Office

Date of Issue
4 MAY 10

NON-RESIDENT TAX FILE NUMBER ADVICE
개인 텍스파일 고유번호

In reply to your recent application/enquiry, your tax file number (TFN) is:

Keep this notice in a safe place for further reference.

For taxation purposes, you are registered as a non-resident of Australia. As a non-resident you may need to meet specific tax obligations and should be aware of restrictions in the use of your TFN. Please refer to the information sheet attached to the back of this notice for more information.

Please note that you only need one TFN. Your TFN will stay the same regardless of your changing circumstances. For example, you do not need a new TFN if you come to Australia and obtain employment, change your name in any way, or lodge a tax return.

Yours sincerely

Raelene Vivian
Deputy Commissioner of Taxation

• 호주, 이것만은 알고 가자

ACT

- Canberra

  Ground Floor, Ethos House 28-36 Ainslie Avenue Civic Square ACT 2600

NSW

- Albury-Wodonga

  567 Smollett Street Albury NSW 2640
- Chatswood

  Shop 43 Lemon Grove Shopping Centre 441 Victoria Avenue Chatswood NSW 2067
- Hurstville

  1st Floor, MacMahon Plaza 14-16 Woodville St Hurstville NSW 2220
- Newcastle

  266 King Street Newcastle NSW 2300
- Parramatta

  Commonwealth Offices 2-12 Macquarie Street Parramatta NSW 2123
- Sydney CBD

  Podium Level, Centrepoint 100 Market Street Sydney NSW 2000
- Wollongong

  93-99 Burelli Street Wollongong NSW 2500

Northern Territory

- Darwin

  24 Mitchell Street Darwin NT 0800
- Alice Springs

  Jock Nelson Centre 16 Hartley Street Alice Springs NT 0870

Queensland

- Brisbane CBD

  280 Adelaide Street Brisbane QLD 4000
- Upper Mount Gravatt

  NEXUS Building 96 Mt Gravatt Capalaba Road Upper Mount Gravatt QLD 4122

- Townsville

  Stanley Place 235 Stanley Street

South Australia

- Waymouth

  91 Waymouth Street

Tasmania

- Hobart

  200 Collins Street Hobart TAS 7000

Western Australia

- Northbridge

  45 Francis Street Northbridge WA 6003

Victoria

- Cheltenham

  4a/4-10 Jamieson Street Cheltenham VIC 3192
- Dandenong

  14 Mason Street Dandenong VIC 3175
- Geelong

  92-100 Brougham Street Geelong VIC 3220
- Melbourne CBD

  Casselden Place 2 Lonsdale Street Melbourne VIC 3000

워킹 홀리데이 비자 & 관광 비자

만약 워킹 홀리데이 비자를 가지고 있다면 이민성에 신고할 필요 없이 바로 TFN을 신청할 수 있으나, 관광비자로는 TFN 신청이 불가능하다. 관광비자를 가지고 입국한 사람은 합법적으로는 일을 할 수 없다.

워킹 홀리데이 비자 신청하기

워킹 홀리데이로 호주에 가시는 분들이 가장 먼저 봉착하게 되는 첫 난관은 바로 인터넷으로 워킹 홀리데이 비자를 신청하는 것이다.어려운 것이 아니니 두려워말고 하나하나 차근차근 따라 해보자.

호주워킹홀리데이 비자란?

호주워킹홀리데이 비자는 흔히 '취업관광비자' 라고도 불리며 젊은이들에게 상대국의 문화 및 생활양식 전반에 대한 보다 깊은 이해의 기회를 제공하기 위해 일정기간 휴가를 보내는 것을 주된 목적으로 하는 비자다. 2012년 현재까지 한국과 워킹홀리데이를 체결한 나라로는 호주, 캐나다, 뉴질랜드, 일본, 독일, 프랑스, 아일랜드, 홍콩, 스웨덴, 덴마크, 대만, 영국, 이탈리아, 체코, 오스트리아 총 15개국이다. 그 중 호주워킹홀리데이는 모집인원에 제한이 없으며 호주 내 1차 산업에 3개월 이상 근무할 경우 1년을 연장할 수 있다.

워킹홀리데이 협약이 되어 있는 나라

- 호주 : 수시접수/ 모집인원 제한 없음(비자기간 : 부분적 2년까지 연장가능)
- 캐나다 : 매년 6월 12월 접수/ 2012년 현재 모집인원 4000명
- 뉴질랜드 : 매년 4월 선착순 접수/ 2012년 현재 모집인원 1800명
- 일본 : 매년 1월, 4월, 7월, 10월/ 2012년 모집인원 10000명
- 프랑스 : 수시접수/ 모집인원 2000명
- 독일 : 수시접수/ 모집인원 제한 없음
- 아일랜드 : 매년 3월 접수/ 모집인원 400명
- 스웨덴 : 수시접수/ 모집인원 제한 없음
- 덴마크 : 수시접수/ 모집인원 제한 없음
- 홍콩 : 수시접수/ 모집인원 200명
- 대만 : 수시접수/ 모집인원 400명
- 체코 : 수시접수/ 모집인원 300명
- 독일 · 영국 : 수시접수/ 모집인원 최대 한 해 1000명(비자기간 : 2년)
- 이탈리아 : 수시접수/모집인원 제한 없음
- 오스트리아 : 수시접수/모집인원 300명 (비자기간 : 6개월)

유일하게 영어권으로는 호주만 아무런 조건 없이 아무 때나 신청해서 갈 수 있으며 호주 정부에서 지정한 도심지에서 벗어난 지역에서 농장, 공장 일을 3개월 이상 하는 사람에게는 1년 비자연장이 가능하다.

- 워킹 홀리데이 비자 신청할 때 사용할 여권 번호를 적어야 한다.

- 신용카드는 해외에서 사용할 수 있는 카드여야 한다.

- 프린터 신청이 끝난 후 신체검사를 위한 헬스폼을 출력해야 한다.

- Adobe Acrobat 이 프로그램이 있어야만 신체검사 신청서를 다운 받을 수 있다.

1단계 호주 이민성 사이트 접속

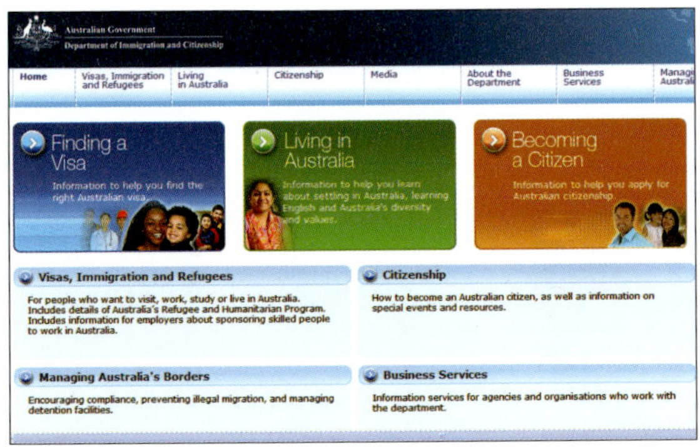

❶ 인터넷 익스플로러 주소표시줄에 호주 이민성 주소 **(http://www.immi.gov.au/)** 를 입력하여 이민성 사이트로 접속한 후 화면 왼쪽 위의 'Visas & Immigration'을 클릭한다.

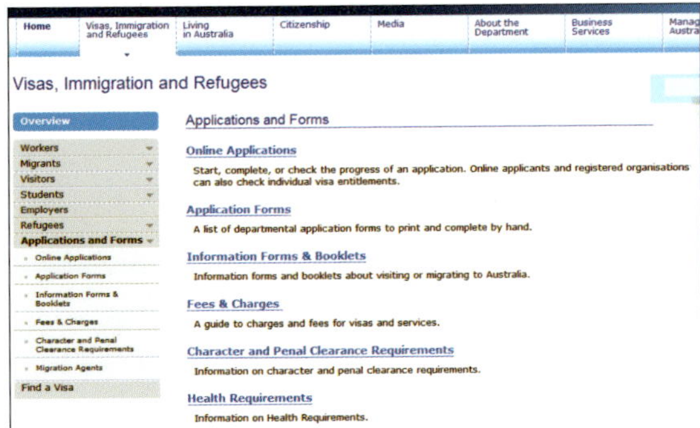

❷ 'Applications & Forms'를 클릭하면 비자 신청 단계로 넘어간다.

❸ 화면 맨 위의 'Online Applications'를 클릭한다.

❹ 화면 맨 아래의 'Working Holiday Makers'를 클릭한다.

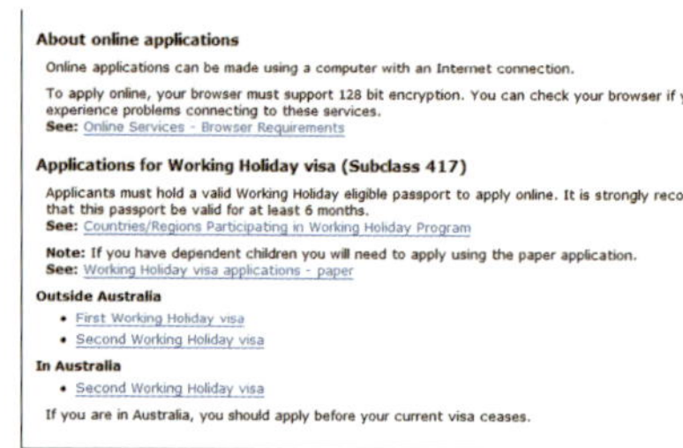

❶ 본인의 상황에 맞는 비자를 클릭하면 비자신청 화면으로 넘어간다.
처음 워킹홀리데이를 신청한다면 'First Working Holiday visa'를 클릭하자.

· **Outside Australia** : 호주 밖에서 신청하는 경우
· **First Working Holiday visa** : 처음으로 워킹홀리데이 비자를 신청
· **Second Working Holiday visa** : 워킹홀리데이 비자를 1년 더 연장
· **In Australia** : 호주 내에서 신청하는 경우
· **Second Working Holiday visa** : 호주 내에서 워킹홀리데이 비자를 1년 더 연장

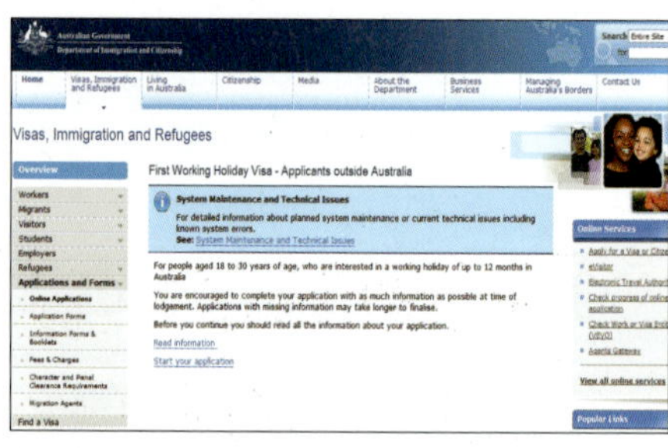

❷ 호주 밖에서 워킹홀리데이 비자를 신청했다는 화면이 나타나면 'Start your application'을 클릭한다.
· **Read Information** : 워킹홀리데이 비자에 대한 전반적인 설명
· **Start your application** : 비자 신청 화면 이동

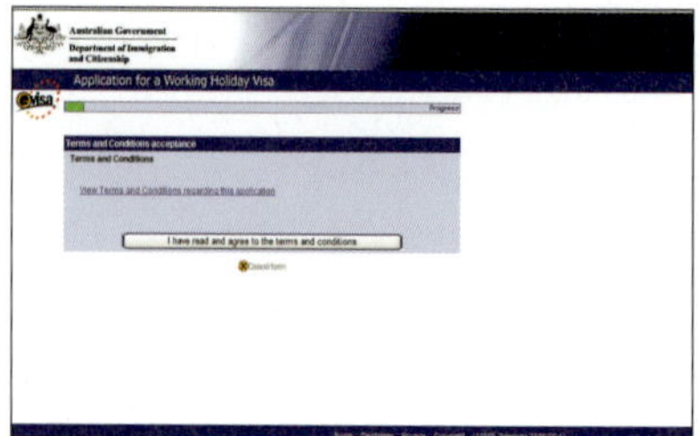

❸ 인터넷 비자 신청 절차에 대한 전반적인 설명이 있다. 'I have read and agree to the terms and conditions'를 클릭하면 본격적인 비자 신청이 시작된다.

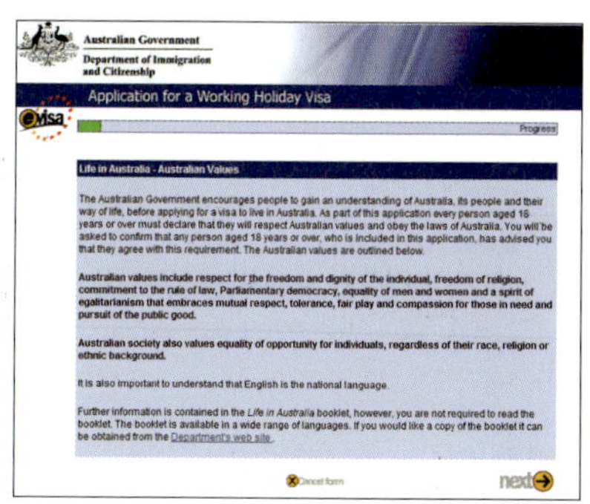

🔺 호주 내에서 해야 될 가치서약

3단계 개인 신상정보 입력

❶ 개인 신상정보를 입력한다. 아래 내용을 빠짐없이 입력한 후 'next' 버튼을 클릭한다.

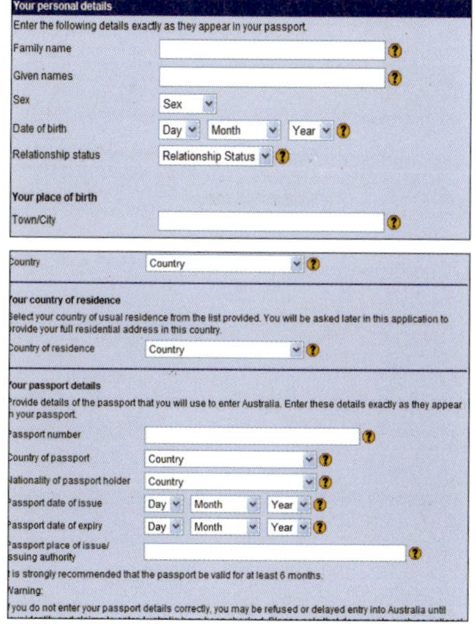

- **Family name** : 성
- **Given names** : 이름
- **Sex** : Male은 남자, Female은 여자
- **Date of Birth** : 생년월일, 날짜, 월, 연도 순으로 기입(단, 이름과 생년월일은 반드시 여권과 동일하게 기재해야 한다.)
- **Marital status** : 결혼여부(미혼의 경우 Never Married)
- **Your place of Birth** : 태어난 곳
- **Town/City** : 태어난 도시
- **County** : 태어난 국가(KOREA, SOUTH)

- **Your Country of residence** : 현재 거주하고 있는 국가(KOREA, SOUTH)

- **Your passport details** : 여권 내용
- **Passport Number** : 여권 번호
- **Country of Passport** : 여권 발행 국가(KOREA, SOUTH)
- **Nationality of passport holder** : 여권에 있는 국적(KOREA, SOUTH)
- **Passport date of issue** : 여권 발급일
- **Passport date of expiry** : 여권 만료일
- **Passport place of issue/issuing authority** : 여권 발행관청(MINISTRY OF FOREIGN AFFAIRS AND TRADE)

- **When do you propose to enter Australia using the visa that you are applying for now?** : 비자를 받으면 언제 호주에 입국할 것인가?(날짜를 어긴다고 비자가 취소되지는 않는다.)
- **Do you have any dependent children?** : 부양할 아이가 있는가?
- **Are you known by any other names?(This includes names before marriage.)** : 다른 이름이 있는가?(한국인은 결혼해도 성이 바뀌지 않으므로 무조건 No)
- **Do you hold any other citizenship than that shown as your Passport Country above?** : 여권에 기입된 나라 이외에 다른 시민권을 가지고 있는가?(이중 국적자가 아니라면 No)

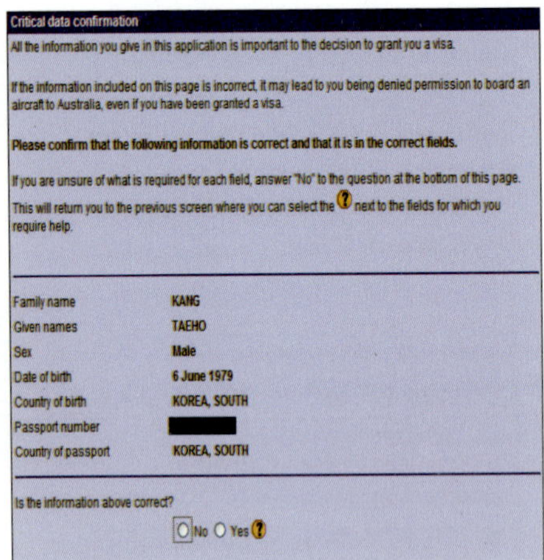

❷ 입력한 개인신상정보를 확인한다.
여권 번호와 이름을 꼼꼼하게 확인하고 입력한 정보가 맞으면 'Yes'를 체크하고 'next' 버튼을 클릭한다.

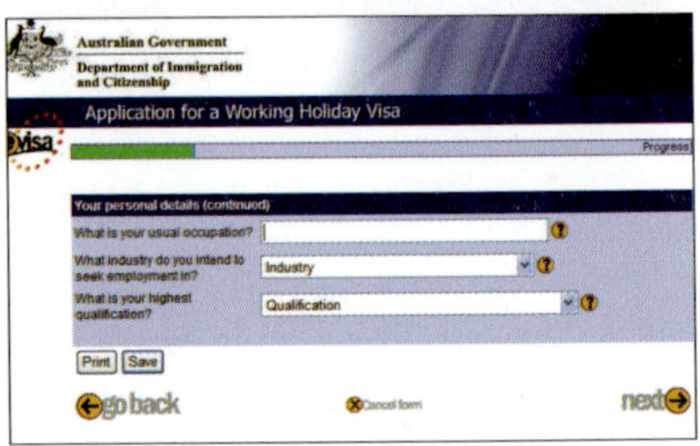

❶ 직업 관련 정보를 입력한다. 내용을 빠짐없이 입력한 후 'next' 버튼을 클릭한다.
- **What is your usual occupation?** : 직업이 무엇인가?
- **What industry do yor intend to seek employment in?** : 호주에서 무슨 일을 할 것인가?(농장 일손이 부족하기 때문에 농장을 선택하면 비자가 더 잘 나올 수 있다.)
- **What is your highest qualification?** : 최종학력이 무엇인가?

❶ 주소와 전화번호를 입력한다. 내용을 빠짐없이 입력한 후 'next' 버튼을 클릭한다.

- **Give details of the residential address in your home country** : 주민등록에 있는 주소와 내용을 입력하라
- **Address** : 주소
- **Suburb/Town** : 도시 이름
- **State or Province** : 도 이름
- **Postcode** : 우편번호('-'는 생략하고 숫자만 기입)
- **Country** : 국가 이름

- **Your contact telephone number** : 연락 가능한 전화번호를 입력하라
- **Home phone** : 집 전화(대한민국 국가코드는 82, 지역번호 또는 핸드폰 번호 앞의 0은 제외하고 입력)
- **Work phone** : 회사 전화
- **Mobile phone** : 핸드폰(핸드폰 번호가 012-345-6789라면 82123456789로 숫자만 이어 쓴다.)

- **Do you want to authorise another person to act and/or receive communication about this application in your behalf?** : 당신을 대신해서 대리인이 접수, 통보 받기를 원하는가?

❷ 입력한 정보를 확인한다. 주소와 연락처를 꼼꼼하게 확인하고 입력한 정보가 맞으면 'next' 버튼을 클릭한다.

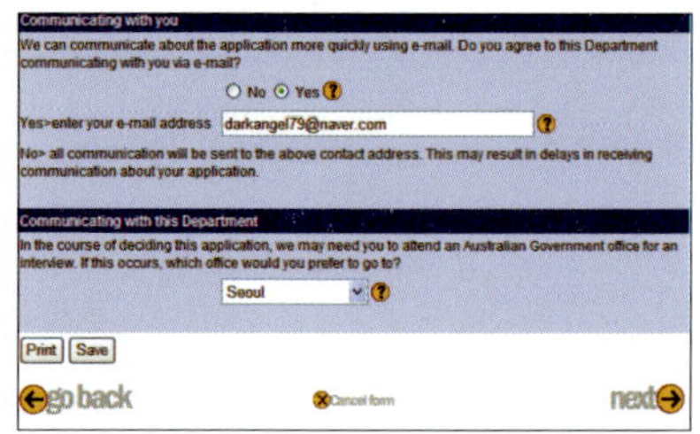

- **We can communicate about the application more quickly using e-mail.** : 워킹홀리데이 비자에 관한 일을 이메일을 통해서 받을 수 있다. 받겠는가?
  (대부분의 경우에는 이민성으로부터 메일이 오지 않는데, 간혹 자금증명, 군필, 신상정보 등에 대한 확인 메일이 올 수 있으므로 메일이 오면 상황에 맞게 답변 메일을 보내면 된다.)
- **enter your e-mail address** : 메일주소
  (DAUM 또는 MSN 메일은 스팸 처리가 될 가능성이 높으므로 다른 메일주소를 사용하자.)

- **In the course of deciding this application, we may need you to attend Govemment office for an interview.** : 인터뷰를 하게 될 경우 어느 지역의 호주 대사관을 선호하는가?(서울 Seoul)

6단계 건강 상태 입력

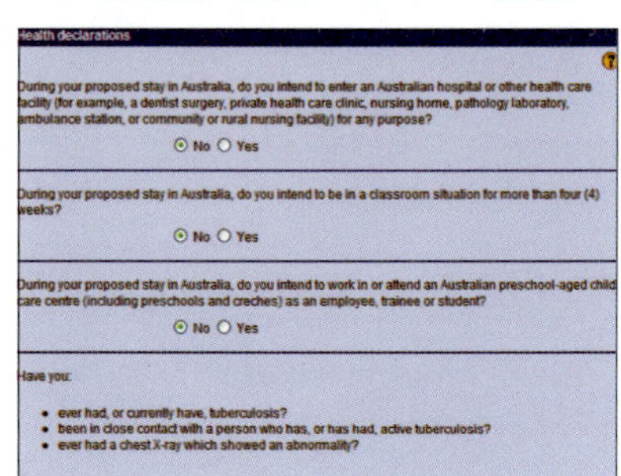

• 호주, 이것만은 알고 가자

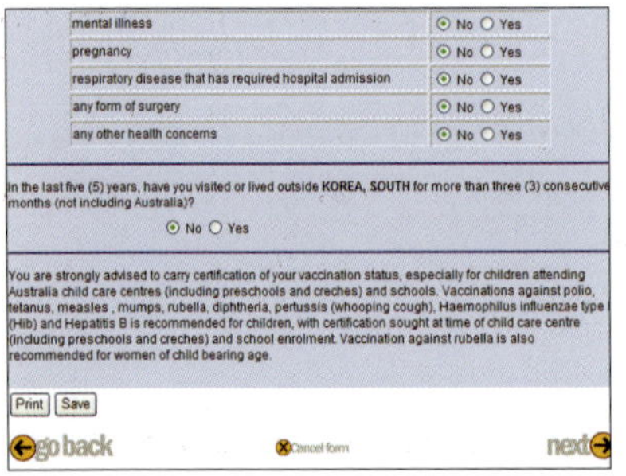

mental illness	⦿ No ○ Yes
respiratory disease that has required hospital admission	⦿ No ○ Yes
any form of surgery	⦿ No ○ Yes
any other health concerns	⦿ No ○ Yes

In the last five (5) years, have you visited or lived outside KOREA, SOUTH for more than three (3) consecutive months (not including Australia)?

⦿ No ○ Yes

You are strongly advised to carry certification of your vaccination status, especially for children attending Australia child care centres (including preschools and creches) and schools. Vaccinations against polio, tetanus, measles , mumps, rubella, diphtheria, pertussis (whooping cough), Haemophilus influenzae type (Hib) and Hepatitis B is recommended for children, with certification sought at time of child care centre (including preschools and creches) and school enrolment. Vaccination against rubella is also recommended for women of child bearing age.

Print | Save

← go back   ✖ Cancel form   next →

❶ 본인의 건강 상태를 입력한다. 건강에 이상이 없으면 모두 'No'를 선택하면 된다. 내용을 빠짐없이 입력한 후 'next' 버튼을 클릭한다.

- **During your proposed stay in Australia, do you intend to enter an Australian hospital or other health care facility for any purpose?** : 호주에서 병원 및 관련 시설에서 일할 계획이 있는가?

- **During your proposed stay in Australia, do you intend to be in a classroom situation for more than four weeks?** : 호주에 있는 동안 12주 이상 어학연수를 할 예정인가?(13주 이상 어학연수를 한다면 15만 원 정도 하는 정밀 건강검진을 받아야 한다.)

- **During your proposed stay in Australia, do you intend to work in or attend an Australian preschool-aged child care center as an employee, trainee or student?** : 호주에서 유치원이나 관련 시설에서 일할 계획이 있는가?

- **Have you:ever had, or currently have, tuberculosis?** : 결핵을 앓은 적이 있는가?

- **been in close contact with a person who has, or has had, active tuberculosis?** : 결핵보균자와 접촉을 하고 있는가?

- **ever had a chest X-ray which showed an abnormality?** : X-RAY 결과에 이상이 있었던 적이 있는가?

- **Do you require assistance with mobility or care in Australia or overseas?** : 호주나 해외에서 이동 시 신체적인 장애로 보조수단이나 도움이 필요한가?

- **Do you intend to work as a doctor or nurse during your stay in Australia?** : 호주에서 의학 관련 과정을 수행할 계획이 있는가?

- **During your proposed stay in Australia, do you expect to incur medical costs, or require treatment or medical follow up for.** : 호주에 방문하는 동안 예상되는 질병이나 치료가 있으면 표시하라.

- **blood disorders** : 혈액병
- **cancer** : 암
- **heart disease** : 심장병
- **hepatitis B or C** : B형 간염, C형 간염
- **HIV infection, including AIDS** : 에이즈
- **kidney disease, including dialysis** : 신장병
- **liver disease** : 간 질환
- **mental illness** : 정신 질환
- **pregnancy** : 임신
- **respiratory disease that has required hospital admission** : 호흡기 질환
- **any form of surgery** : 수술 흉터
- **any other health concerns** : 다른 건강 문제

- **In the last five years, have you visited or lived outside KOREA, SOUTH for more than three consecutive months (not including Australia)?** : 지난 5년간 호주를 제외한 해외에서 연속해서 3개월간 체류한 적이 있는가?

12주 이하로 공부하는 사람들은 다음과 같이 진행된다. 13주 이상 공부하는 사람들은 공부하는 기간을 적으라는 란이 나오며 학교기관은 not decided yet이라고 적으면 된다.

7단계 범죄 경력

Character declarations

Have you, ever:

been convicted of a crime or offence in any country (including any conviction which is now removed from official records)?

○ No ○ Yes

If **Yes**, please give details

been charged with any offence that is currently awaiting legal action?

○ No ○ Yes

If **Yes**, please give details

been acquitted of any criminal offence or other offence on the grounds of mental illness, insanity or unsoundness of mind?

○ No ○ Yes

If **Yes**, please give details

been removed or deported from any country (including Australia)?

○ No ○ Yes

If **Yes**, please give details

been refused a visa for Australia or another country?

○ No ○ Yes

If **Yes**, please give details

left any country to avoid being removed or deported?

○ No ○ Yes

If **Yes**, please give details

been excluded from or asked to leave any country (including Australia)?

○ No ○ Yes

If **Yes**, please give details

committed, or been involved in the commission of war crimes or crimes against humanity or human rights?

○ No ○ Yes

If **Yes**, please give details

been involved in any activities that would represent a risk to Australian national security?

○ No ○ Yes

If **Yes**, please give details

had any outstanding debts to the Australian Government or any public authority in Australia?

○ No ○ Yes

If **Yes**, please give details

been acquitted of any criminal offence or other offence on the grounds of mental illness, insanity or unsoundness of mind?

○ No ○ Yes

If **Yes**, please give details

been removed or deported from any country (including Australia)?

○ No ○ Yes

If **Yes**, please give details

been refused a visa for Australia or another country?

○ No ○ Yes

If **Yes**, please give details

left any country to avoid being removed or deported?

○ No ○ Yes

If **Yes**, please give details

been excluded from or asked to leave any country (including Australia)?

○ No ○ Yes

If **Yes**, please give details

been excluded from or asked to leave any country (including Australia)?

○ No ○ Yes

If **Yes**, please give details

committed, or been involved in the commission of war crimes or crimes against humanity or human rights?

○ No ○ Yes

If **Yes**, please give details

been involved in any activities that would represent a risk to Australian national security?

○ No ○ Yes

If **Yes**, please give details

had any outstanding debts to the Australian Government or any public authority in Australia?

○ No ○ Yes

If **Yes**, please give details

been involved in any activity, or been convicted of any offence, relating to the illegal movement of people to any country (including Australia)?

○ No ○ Yes

If **Yes**, please give details

- served in a military force or state-sponsored or private militia, or
- undergone any military or paramilitary training, or
- been trained in weapons or explosives use (however described),

other than in the course of compulsory national military service?

○ No ○ Yes

Print Save

← go back   ✕ Cancel form   next →

범죄경력에 대한 질문이다. 맨 마지막 군복무 질문을 제외한 위의 모든 질문에는 반드시 'NO'에 체크한 후 'next' 버튼을 클릭한다.

- **been convicted of a crime or offence in any country?** : 범죄 경력이 있는가?

- **If Yes, please give details** : 있다면 자세히 적어라

- **been charged with any offence that is currently awaiting legal action?** : 현재 계류 중인 사건이 있는가?

- **been acquitted of any criminal offence or other offence on the grounds of mental illness, insanity or unsoundness of mind?** : 구속되었다가 정신 질환 등으로 석방된 적이 있는가?

- **been removed or deported from any country (including Australia)?** : (호주 포함하여) 추방된 적이 있는가?

- **been refused a visa for Australia or another country?** : 입국 거부를 당한 적이 있는가?

- **left any country to avoid being removed or deported?** : 추방을 피하기 위해 다른 나라에 체류한 적이 있는가?

- **been excluded from or asked to leave any country (including Australia)?** : (호주 포함) 추방 요구를 받은 적이 있는가?

- **committed, or been involved in the commission of war crimes or crimes against humanity or human rights?** : 전쟁 범죄나 반인륜 범죄 혐의에 연관된 적이 있는가?

- **been involved in any activities that would represent a risk to Australian national security?** : 호주 안보를 위협하는 활동에 연관된 적이 있는가?

- **had any outstanding debts to the Australian Government or any public authority in Australia?** : 호주정부나 공공기관에 부채가 있는가?

- **been involved in any activity, or been convicted of any offence, relating to the illegal movement of people to any country (including Australia)?** : 불법적인 활동이나 단체, 범죄에 연관된 적이 있는가?

- **served in a military force or state-sponsored or private militia, or undergone any military or paramilitary training, or been trained in weapons or explosives use (however described), other than in the course of compulsory national military service?** : 군 복무를 한 적이 있는가? 국방의 의무를 수행한 일반 군인(육 · 해 · 공군 및 공익요원 포함)은 'NO' 로 표시, 직업 군인(장교 및 하사관 등)인 사람들은 'YES' 로 표시하라.

Declaration

certify that:

- I have read and understand the information provided to me at the beginning of application, I am aware of the conditions that will apply to my visa and that I am required to abide by them.

  ○ No ◉ Yes

- I understand that the visa I am applying for does not permit me to be employed in Australia with on employer for more than 6 months.

  ○ No ◉ Yes

- I understand that the visa I am applying for does not permit me to undertake studies or training for more than 4 months.

  ○ No ◉ Yes

- I have sufficient funds for the initial period of my stay in Australia and for the fare to my intended overseas destination on leaving Australia.

  ○ No ◉ Yes

- I understand that the visa I am applying for does not permit me to be employed in Australia with one employer for more than 6 months.

  ○ No ◉ Yes

- I understand that the visa I am applying for does not permit me to undertake studies or training for more than 4 months.

  ○ No ◉ Yes

- I have sufficient funds for the initial period of my stay in Australia and for the fare to my intended overseas destination on leaving Australia.

  ○ No ◉ Yes

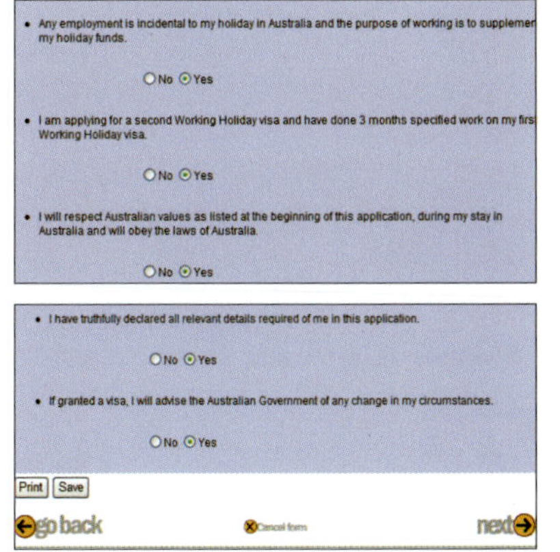

비자에 관련된 사항을 이해하고 있는지 확인하는 질문이다. 'Yes'에 체크한 후 'next' 버튼을 클릭한다.

· **I have read and understand the information provided to me at the beginning of application, I am aware of the conditions that will apply to my visa and that I am required to abide by them.** : 나는 비자 신청과 관련된 모든 정보를 다 읽었으며, 비자 조건을 숙지하고 있다.

· **I am a resident of KOREA, SOUTH and I certify that I am lodging this visa application from KOREA, SOUTH.** : 나는 한국에서 거주하고 있으며, 한국에서 비자 신청을 하고 있다.

· **I understand that the visa I am applying for does not permit me to be employed in Australia with one employer for more than 6 months.** : 나는 한 고용주 밑에서 6개월 이상 일을 하지 않을 것이다.

· **I understand that the visa I am applying for does not permit me to undertake studies or training for more than 4 months.** : 나는 4개월 이상 학교를 다니지 않을 것이다.

· **I have sufficient funds for the initial period of my stay in Australia and for the fare to my intended overseas destination on leaving Australia.** : 나는 호주에 가서 생활할 초기자금과 왕복항공권을 살 만한 충분한 재정능력을 갖추고 있다.

· **Any employment is incidental to my holiday in Australia and the purpose of working is to supplement my holiday funds.** : 취업은 여행자금을 보충하기 위한 부수적인 것이다(돈이나 일을 목적으로 호주에 가지 않겠다).

· **I am applying for a Working Holiday visa for the first time and have not previously entered Australia on a Working Holiday visa(on a passport of any country).** : 나는 워킹홀리데이 비자를 처음 신청하는 것이며, 이전에 워킹홀리데이 비자로 호주에 입국한 적이 없다.

· **I will respect Australian values as listed at the beginning of this application, during my stay in Australia and will obey the laws of Australia.** : 나는 여행 기간 동안 호주의 법률을 준수한다.

· **I have truthfully declared all relevant details required of me in this application.** : 나는 비자 신청에 필요한 모든 정보를 사실대로 작성하였다.

· **If granted a visa, I will advise the Australian Government of any change in my circumstances.** : 나는 비자승인이 난 후 변경되는 나의 상황을 호주정부에 알리겠다.

351

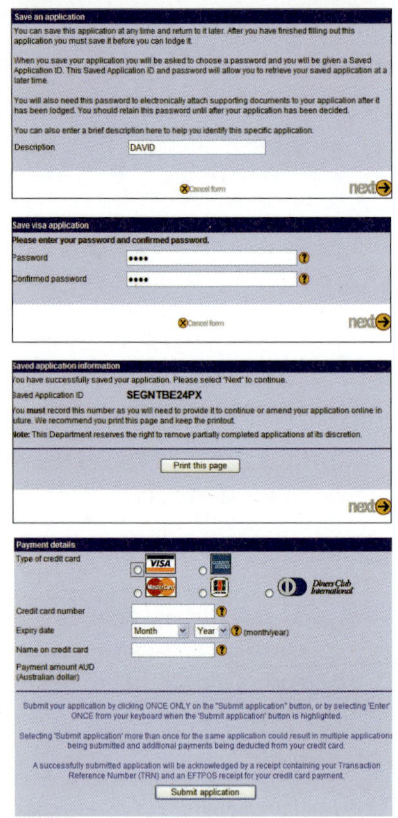

지금까지 입력했던 모든 내용을 최종적으로 확인한다. 잘못 입력한 부분은 없는지 꼼꼼하게 하나하나 체크하자. 내용을 다 확인했으면 'next' 버튼을 클릭한다.

비자 신청이 모두 완료되었으면 지금까지 작성한 내용을 저장하기 위해 아이디와 비밀번호를 입력한다.

비자 신청 비용(A$365)를 신용카드로 결제한다.

TRN(온라인 신청 번호)은 비자상황을 조회할 때 필요하므로 꼭 메모를 한다.

신체검사를 위한 헬스폼을 다운한 후 신청양식을 확인하고 반드시 프린트한다.